U0324349

国家自然科学基金项目(NO.52274134,51804209,51604184)资助
山西省重点研发计划(高新领域)项目(201903D121075)资助
山西省高等学校科技成果转化培育项目(JYT2019015)资助

极近距离煤层开采围岩控制理论及技术研究

张百胜　著

中国矿业大学出版社

·徐州·

内 容 提 要

本书综合运用理论分析、数值模拟和工业性试验等方法,研究了极近距离煤层开采围岩控制理论及技术。主要内容包括:绪论,极近距离煤层定义和顶板分类,极近距离下部煤层开采矿压显现规律,极近距离下部煤层采场覆岩结构及其稳定性分析,下部煤层开采巷道合理位置研究,极近距离下部煤层开采辅助技术研究,结论。

本书可供从事采矿工程及相关专业的科研与工程技术人员参考使用。

图书在版编目(C I P)数据

极近距离煤层开采围岩控制理论及技术研究 / 张百胜著. —徐州:中国矿业大学出版社,2021.10

ISBN 978 - 7 - 5646 - 5196 - 1

Ⅰ. ①极… Ⅱ. ①张… Ⅲ. ①煤矿开采—围岩控制—研究 Ⅳ. ①TD82

中国版本图书馆 CIP 数据核字(2021)第215221号

书　　名	极近距离煤层开采围岩控制理论及技术研究
	JIJIN JULI MEICENG KAICAI WEIYAN KONGZHI LILUN JI JISHU YANJIU
著　　者	张百胜
责任编辑	马晓彦
出版发行	中国矿业大学出版社有限责任公司
	(江苏省徐州市解放南路　邮编 221008)
营销热线	(0516)83884103　83885105
出版服务	(0516)83995789　83884920
网　　址	http://www.cumtp.com　E-mail:cumtpvip@cumtp.com
印　　刷	江苏凤凰数码印务有限公司
开　　本	787 mm×1092 mm　1/16　**印张** 8.5　**字数** 162 千字
版次印次	2021 年 10 月第 1 版　2021 年 10 月第 1 次印刷
定　　价	32.00 元

(图书出现印装质量问题,本社负责调换)

前　言

　　由于成煤条件的不同,煤层的赋存条件各异。煤层厚度从零点几米到上百米,可采层数从一层到数十层,层间距大小不等,有时还出现煤层局部合并或分岔现象。由于煤层层间距不同,相互间开采的影响程度各异。当煤层层间距较大时,上部煤层开采后对下部煤层的开采影响程度很小,其矿压显现规律,开采方法不受上部煤层开采的影响。但是,随着煤层层间距的减小,上、下煤层间开采的相互影响程度会逐渐增大,特别是当煤层层间距很小时,下部煤层开采前顶板的完整程度已受上部煤层开采损伤影响,其上又为上部煤层开采垮落的矸石,且上部煤层开采后残留的区段煤柱在底板形成的集中压力,导致下部煤层开采区域的顶板结构和应力环境发生变化,从而使下部煤层开采与单一煤层开采相比出现了许多新的矿压现象。其主要表现有:在下部煤层开采时,极易发生顶板冒、漏,严重时造成支架压埋;与上部煤层采空区沟通时,造成工作面漏风,易形成火灾隐患;巷道的矿山压力显现十分明显,巷道布置和支护方式盲目性较大,巷道支护困难。现有单一煤层开采顶板岩层控制理论和经验,不能很好地解释极近距离煤层开采过程矿压现象及机理,存在许多技术难题,有关研究主要是实践性和经验性的定性总结。

　　本书以大同矿区下组煤层群开采为主要研究对象,采用理论分析、数值模拟和工业性试验等方法,对极近距离煤层的定义和顶板分类、下部煤层开采矿压显现规律、工作面顶板控制、合理巷道位置及开采技术保障体系等内容做了探索性研究。主要研究成果有:① 针对长壁工作面开采,运用弹塑性理论、滑移线场理论,结合上部煤层开采顶板冒落特点及应力分布规律推导出上部煤层底板损伤深度,给出了极近距离煤层的定义和判据;并结合大同矿区下组煤层群赋存和开采条件,进行极近距离煤层实例判别。② 确定了以屈服比作为极近距离下部煤层顶板分类的主要指标,对极近距离煤层顶板进行了分类。③ 通过现场实测和数值模拟分析的方法,揭示了极近距离下部煤层开采工作面矿压显现的基本特征和规律,为探讨极近距离下部煤层开采覆岩结构形式及采场围岩控制提供可靠的现实和理论基础。④ 针对极近距离煤层开采时顶板的结构特点,构建了以下部煤层开采为散体边界条件的"块体-散体"顶板结构模型,运用块体和散体理论,对极近距离下部煤层开采顶板岩层结构稳定性进行了分析;揭示了极近距离下部煤层开采顶板易于冒落的机理,并从理论上研究了极近距离下部煤层工作面支架载荷的确定方法,为下部煤层开采采场围岩控制提供了理论基础。⑤ 运用理论分析和数值模拟的方法,研究了极近距离煤层开采煤柱稳定性和煤柱载荷在底板煤(岩)层中的非均匀应力分布规律;理论分析了巷道在非均匀应力场中,支护体结构更易出现局部过载,产生局部破坏,最终可能导致支护体结构失稳的原因;提出了极近距离下部煤层回采巷道的合理位置确定方法,并通过现场实践进行验证。⑥ 针对极近距离下部煤层顶板受上部煤层采动损伤影响,顶板破碎,易漏、冒顶,严重时造成支架压埋,漏风严重,易形成火灾等安全隐患的问题,采用现场实践的方法确定了顶板加固及漏顶充填技术、巷道合理断面形状与支护参数、工作面初末采空间控制及工艺、工作面超前支护方式以及泄压通风系统、汽雾阻化防火等安全保障体系。这些研究成果形成了一套较为完善的极近距离下部离煤层开采辅助技术,为实现极近距离下部煤层安全回采提供可靠的技术保障。

本书是在作者博士论文以及近年来的研究工作基础上完成的,得到了导师康立勋教授以及王小汀教授、翟英达教授、杨双锁教授、白希军教授级高工、赵军教授级高工、王爱国教授级高工等的悉心指导,在此表示衷心的感谢。

由于作者经验与水平有限,书中难免有不妥和疏漏之处,恳请读者批评指正。

著 者

2021 年 6 月

目　　录

第1章 绪 论

1.1 概述

煤炭是我国的主要能源,煤炭工业在我国国民经济中占有举足轻重的地位,尽管在雾霾等诸多环境问题的压力下,煤炭占我国一次能源消费的比重逐年下降,但始终处于主体地位,以煤炭为主体的能源格局在今后相当长的一段时间内不会改变[1-5]。煤炭是不可再生资源,因此,在我国合理开发利用煤炭资源,减少事故的发生,对于维护社会稳定和促进国民经济持续发展有着重要的意义。

由于成煤条件的不同,煤层的赋存条件各异。煤层厚度从零点几米到上百米,可采层数从一层到数十层,层间距离大小不等,有时还会出现两层煤局部合并或分岔现象,煤层顶、底板岩性及倾角更是千变万化。煤层赋存条件的复杂性和多变性,直接影响着煤炭企业的经济效益。如何在不同开采环境下,采取相应的技术措施,提高煤炭资源回采率,延长矿井寿命,实现安全、高效生产是煤炭企业一直关心的问题。

近年来,近距离煤层开采在我国越来越引起采矿界的重视,原因有两个方面:① 我国近距离煤层赋存和开采所占比重很大,大多数矿区都存在近距离煤层群开采的问题,如大同矿区、西山矿区、新汶矿区、井陉矿区、平顶山矿区、淮南矿区等。显然,对近距离煤层开采的研究将是煤矿地下开采的重大课题。② 多年的开采已经使部分矿区赋存条件"优越"的煤层储量越来越少。随着煤矿开采强度的不断增大,特别是近年来快速发展的高产高效技术,已经使大部分矿区开采条件好的煤层资源在较短的服务年限内接近枯竭,促使近距离煤层的开采问题迅速进入人们的视野,并引起高度重视。显然,要保持这些矿区高产高效和可持续发展,就必须解决近距离煤层的开采问题。

对于煤层群开采,当煤层层间距离较大时,上部煤层开采对下部煤层开采的影响程度很小,下部煤层开采的矿压显现规律、开采方法不受上部煤层开采影响,与普通单一煤层开采基本相同。但是,随着煤层层间距的减小,上、下煤层间开采的相互影响会逐渐增大,特别是当煤层间距很近时,下部煤层开采前顶板的完整程度已受上部煤层开采的影响,其上又有上部煤层开采垮落的矸石,且上部煤层开采后残留的区段煤柱在底板形成的集中压力,导致下部煤层开采区域的顶板结构和应力环境发生变化,从而使下部煤层开采与单一煤层开采相比出现了许多新的矿山压力现象。这主要表现在下部煤层开采时,工作面极易发生顶板冒、漏事故,与上部煤层采空区沟通,造成工作面漏风,回采巷道的矿山压力显现十分明显,压力传递规律特殊,巷道围岩移近量大,巷道支护困难。而现有单一煤层开采顶板岩层控制理论和经验,不能很好地解释这种矿压现象及机理。在极近距离煤层开采的过程中,存在许多技术难题。

长期以来,采矿界的研究成果主要集中在单一煤层开采的矿山压力显现及其控制上,并且通过几十年的研究总结已经取得了巨大的成就,基本了解了不同厚度煤层开采过程中顶板的活动规律及围岩的应力分布规律。但是,对煤层群开采过程中相互影响规律及控制研究相对较少,远不如对单一煤层开采研究得那样成熟。近距离煤层概念尚未十分明确,判别标准仍是定性的,还没有统一的确定方法。近距离煤层开采研究主要涉及近距离上行开采理论和控制技术及下行开采巷道合理位置和控制技术。

国内外对于上行开采的理论研究成果较少,且认识也不统一。上行开采研究成果主要是围绕煤层层间距离、岩性和煤层采高等因素来分析下部煤层开采顶板的垮落特征及移动规律,进而确定能否实现上行顺序开采,特别是把煤层层间距作为决定能否采用上行顺序开采的主要衡量指标。煤层群间能否采用上行顺序开采的判别方法主要包括[6-14]实践经验判别法、比值判别法、"三带"判别法和围岩平衡法等,并给出了相应的判别基本准则。概括起来这些判别方法主要包括两种观点:一种观点认为上部煤层应处于下部煤层开采形成的围岩弯曲下沉带以上;另一种观点认为上部煤层只要处于不规则垮落带上方即可,但垮落带高度的计算差异较大。事实上,这些判别方法均是以采完下部煤层而不破坏上部煤层的完整性和连续性作为能否采用上行顺序开采的先决条件。因而,对于煤层层间距很小时,采用这些开采方法不能够实现。

近距离煤层下行开采研究成果主要围绕以避开煤柱集中压力为出发点进行巷道布置[15-21]。由于煤层层间距不同,相互间开采的影响程度各异,特别当煤层层间距小到一定程度时,邻近煤层间开采的相互影响将非常显著,严重影响矿井的安全、高效生产。现有的近距离煤层开采研究成果对于解决煤层间距较大的近距离煤层开采设计优化及围岩控制设计起到了积极的作用,但对于煤层层间距很小的极近距离煤层开采不能完全适用。

如大同矿区王村煤矿 12# 煤层(距上部已采出 11# 煤层间距为 3.2 m)8501

工作面选用 ZY560 型支撑掩护式支架开采,当工作面推进 61 m 时,运输巷端头漏顶,后发展到工作面机道漏顶,当工作面推进 113 m 时,机道几乎全部漏顶,压埋 75 架支架后,被迫停产。经统计,大同矿区共开采极近距离煤层工作面 92 个,其中由于压架停产撤出设备的工作面 22 个,设备无法撤出的工作面 9 个。大同矿区极近距离下部煤层开采实践表明[22],无论采用普采,还是综采,在开采过程中均发生顶板破碎,不易管理,常出现机道漏顶事故,造成低产低效。西山杜儿坪矿 63405 工作面开采 3# 煤层,煤层厚度为 3.8~4.5 m,平均厚度为 4.15 m。工作面长 190.5 m,走向长度为 670 m,采高为 3.3 m。工作面布置 127 架 BC400-17/35 型支掩式支架,采用倾斜长壁后退式一次采全高,全部垮落法管理顶板。直接顶为 2.70~3.30 m 厚砂质页岩,其上为 2# 煤层采空区。63405 工作面回采时需穿过 3 个宽度为 22 m 的 2# 煤层煤柱正下方。实践表明,当工作面切眼推至 1# 煤柱下时,顶板压力增大,两端头巷道超前维护困难,顶底板移近量达到 580 mm,煤帮松软,片帮严重,工作面 33#~45# 支架间发生大面积冒顶事故(冒顶长度为 17 m,冒顶高度达十余米),造成工作面停产。

回采巷道即使布置在应力降低区内,也容易出现煤柱侧巷帮位移量大于另一帮的现象,在支护中也易发生煤柱侧棚腿折损、破坏及出现巷道底鼓,甚至巷道被压垮等现象[23]。如四台矿 11# 煤层 8423 工作面相对上部 10# 煤层 8423 工作面内错布置,两回采巷道均与 10# 煤层回采巷道内错 4 m。由于 10# 煤层与 11# 煤层属极近距离煤层,且层间距极不稳定,其中 800 m 范围采空区下 10# 煤层与 11# 煤层间距为 0.4~1.5 m,平均层间距为 1.0 m,巷道掘进时采用留设 11# 煤层顶煤掘进,支护采用锚网和工字钢棚联合支护。巷道在采空区范围下掘进时压力显现非常明显,在 2423 巷具体表现为:所留设的顶煤由于节理裂隙发育,整体性差,加之顶板压力大,顶煤相当破碎,顶煤边掘边冒,冒顶长度总计为 130 m,冒顶宽度为 1.5~2.5 m,高度为 0.9~1.4 m,能留住的顶煤处,破碎顶煤托于工字钢棚上方,压力显现为锚杆托板压烂、锚杆螺帽压飞、锚杆杆体被拉断、工字钢顶梁严重变形。王村矿在 11-2# 煤层进行采掘,均在 11-1# 煤层采空区下(层间距为 0.3~3 m),该层煤共掘巷道 5 950 m,其中机掘巷道 3 530 m,炮掘巷道 2 420 m,漏顶报废巷道 340 m。在施工过程中,先后发生漏顶事故 60余次,安全生产受到很大制约,直接影响到全矿的采掘衔接。

综上所述,极近距离煤层在我国分布广泛,极近距离煤层开采的矿山压力显现特征、顶板控制、安全技术保障等与普通单一煤层开采相比均具有特殊性,现有的煤层开采理论和技术不完全适用极近距离煤层开采。目前,国外关于极近距离煤层开采系统研究成果还未曾报道,国内主要是极近距离煤层开采实践和经验的定性总结。有关支护的力学原理、支护原则及支护对策等一系列理论方面的问题尚没有系统的认识,生产中巷道布置和支护方式往往盲目性较大,巷道维护困难,采掘接替紧张,煤炭损失严重。

因此,深入、系统地研究极近距离煤层开采的围岩结构及其矿压显现规律,确定矿压的防治措施,探索出一种适用于极近距离煤层开采的围岩控制理论和技术,对于极近距离煤层的安全开采具有重要意义。

1.2 采场上覆岩层结构理论研究的国内外现状

采场上覆岩层结构理论研究主要集中在采场矿压及其控制和开采沉陷及其控制两个研究领域。自采用长壁开采技术以来,采煤工作面的顶板控制一直是采矿学科研究的核心问题之一。煤层群开采过程中,若各煤层层间距足够大,上、下部煤层开采相互影响的程度可忽略不计,则下部煤层顶板岩层结构与单一煤层开采顶板岩层结构类似。对于单一煤层开采而言,国内外学者对采场覆岩活动理论进行了多年研究,取得了大量研究成果,并提出多种理论与假说。

总的来讲,采场上覆岩层结构理论的形成和发展过程经历了三个阶段[24-29],纵观各发展阶段,针对覆岩可能形成的结构而提出的众多假说和理论,都以不同方式回答了上覆岩层结构的形式问题,用以解释采场各种矿山压力现象。因此,这些假说和理论研究成果对岩层控制都具有一定的指导意义。

1.2.1 采场上覆岩层结构早期认识与初步研究阶段

20 世纪五六十年代以前,尽管采矿工程中所出现的各种矿压及岩层控制问题已引起了人们的注意,但受科技发展水平的限制,同时投入的研究力量相对较弱,人们对采场上覆岩层结构的认识仅处于假说阶段,即仅仅能够利用简单的力学原理解释实践中出现的矿压现象。比较有代表性的假说有压力拱假说、铰接岩块假说、"悬臂梁"假说等。

(1)压力拱假说

1928 年,德国学者哈克(W. Hack)和吉里策尔(G. Gillitzer)提出了压力拱假说[30]。该假说认为,在采煤工作面上方由于岩层自然平衡的结果而形成了一个"压力拱",拱的一个支撑点在工作面前方煤体内,形成前拱脚 A,而另一个支撑点在采空区已垮落的矸石或采空区的充填体上,形成后拱脚 B,如图 1-1 所示。随着工作面的推进,前、后拱脚也将向前移动。A、B 均处于应力增高区(S_1、S_2),工作面则处于应力降低区。在前、后拱脚之间无论顶板或底板中都形成了一个减压区(L_1),采煤工作面的支架只承担压力拱 C 内的岩石重量。

这种观点解释了两个重要的矿压现象:一是支架承受上覆岩层的范围是有

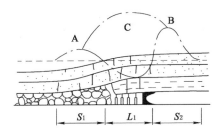

图 1-1　压力拱假说模型[28]

限的;二是煤壁上和采空区矸石上将形成较大的支承压力,其来源是控顶上方的岩层重量。压力拱假说对采煤工作面前后的支承压力及采煤工作空间处于减压范围作出了粗略但却是经典的解释,但由于该假说难以解释采场周期来压等现象,现场也难以找到定量描述拱结构的参数,因此只能停留在对一些矿压现象进行一般解释的水平上,不能很好地解决工程实际问题。

(2) 铰接岩块假说

苏联学者 Г.Н.库兹涅佐夫在实验室进行采场上覆岩层运动规律研究的基础上于 1954 年提出了铰接岩块假说,该假说是定量地研究矿压现象的一个重大突破。铰接岩块假说比较深入地揭示了采场上覆岩层的发展状况,特别是岩层垮落实现的条件。该假说认为,工作面上覆岩层的破坏可分为垮落带和位于其上的规则移动带。垮落带分上、下两部分,下部垮落时,岩块杂乱无章;上部垮落时,则呈规则排列,但无水平方向挤压力的联系。规则移动带岩块间可以相互铰合而形成一条多环节的铰接,并规则地在采空区上方下沉(如图 1-2 所示)。

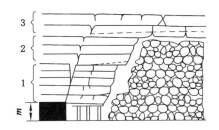

1—垮落带;2—规则移动带;3—裂隙带;m—采高。

图 1-2　铰接岩块假说模型[28]

此假说对支架和围岩的相互作用作了较详细的分析。假说认为,工作面需控制的顶板由垮落带和其上的铰接岩梁组成。垮落带给予支架的是"给定荷载",它的作用力必须由支架全部承担。而铰接岩块在水平推力的作用下,构成一个平衡结构,这个结构与支架之间存在"给定变形"的关系。铰接岩块间的平衡关系为三铰拱式的平衡。铰接岩块假说的重大贡献在于,它不仅解释了压力拱假说所能解释的矿压现象,而且解释了采场周期来压现象,首次提出了预计直接顶厚度的公式,并从控制顶板的角度出发,揭示了支架荷载的来源和顶板下沉量与顶板运动的关系。但对铰接岩块间的平衡条件未作进一步探讨,同时也未能更全面地揭示支架与这部分岩梁运动间的关系。这一成果为以后矿压理论发展提供了重要基础。

此外,描述采场矿山压力的假说还有"普氏平衡拱"假说(俄国学者 M. M. 普罗托季亚科诺夫,1907)、"悬臂梁"假说(德国学者施托克,1916)、"预成裂隙梁"假说(比利时学者 A. 拉巴斯,1947)等。这些假说从不同的角度阐述了对采场上覆岩层形成的结构认识。在一定程度上,这些假说都是从上覆岩层可能形成的结构出发来研究可能出现的矿山压力,从这个意义上看,这些假说都包含某种合理的成分。这些观点对后来进一步研究采场上覆岩层的结构具有十分重要的意义。

1.2.2　采场上覆岩层结构理论的近代研究阶段

20 世纪 60 年代以后,随着地下采矿工业的飞速发展,开采中出现和导致的问题要求人们必须研究用定量分析的手段来指导采矿设计与生产的采场上覆岩层结构理论。这些理论的研究主要是结合采场矿压控制和开采沉陷预测而展开的。西方国家的经济实力及国情特点,使得国外对采场矿压的控制更多地从机械设备方面加以解决,因此,国外对采场上覆岩层结构的研究显得不足。在我国,国情要求只能以最低的设备投入实现安全及高效生产,因此,研究采场上覆岩层结构以搞清采场矿压的规律并加以控制成为我国学者的研究重点之一。我国专家学者在这一阶段对采场上覆岩层结构的研究作出了重要贡献,其中有重大影响的理论有"砌体梁"理论、"传递岩梁"理论、岩板理论等。

(1)"砌体梁"理论

煤层开采后上覆岩层将形成新的结构,此结构的形态及其稳定性将直接影响到采场支架的受力大小、参数和性能的选择,同时也将影响开采后上覆岩层内节理裂隙及离层区的分布和地表沉陷,因此,上覆岩层形成结构的特点及其形态是研究的重点。

上覆岩层结构形态主要的研究工作始于 20 世纪 60 年代初,钱鸣高在铰接岩块假说和"预成裂隙"假说的基础上,借助大屯孔庄矿开采后岩层内部移动观测资料,研究了裂隙带岩层形成结构的可能性和结构的平衡条件,提出了上覆岩层开采后呈"砌体梁"式平衡的结构力学模型[31-33]。

该理论认为采场上覆岩层的岩体结构主要是由多个坚硬岩层组成,每个分组中的软岩重量可视为作用于坚硬岩层上的载荷,在水平推力作用下,断裂后且排列整齐的坚硬岩块可形成铰接关系。"砌体梁"具有滑落和回转变形两种失稳形式。该理论给出了采场上覆坚硬岩层周期断裂后形成平衡结构的条件,并阐述了采场来压、支架-围岩关系等一系列问题。该研究的意义主要在于:为采场给出了具体的边界条件,也为论证采场矿山压力控制参数奠定了基础,因此受到国内外同行的高度评价。从该理论的条件可以看出,其结论更适用于存在坚硬岩层的采场。缪协兴、钱鸣高给出了关于"砌体梁"的全结构模型[31],并对"砌体梁"全结构模型进行了力学分析,得出了"砌体梁"的形态和受力的理论解,以及"砌体梁"排列的拟合曲线。

(2)"传递岩梁"理论

20 世纪 80 年代初,宋振骐等在大量现场观测的基础上建立并逐步完善了以岩层运动为中心,预测预报、控制设计和控制效果判断三位一体的实用矿压理论体系,即"传递岩梁"理论[34-35]。该理论认为,基本顶岩梁对支架的作用力取决于支架对岩梁运动的抵抗程度,可能存在给定变形和限定变形两种工作方式,并给出支架-围岩关系的表达式,即位态方程。工作面煤壁前方的内、外应力场也是该理论的重要组成部分,即认为以基本顶断裂线为界分为内、外两个应力场。此观点对确定合理巷道的位置及采场顶板控制设计起到了积极的作用。这一理论的重要贡献在于:揭示了岩层运动与采动支承压力的关系,并明确提出了内、外应力场的观点,以此为基础,提出了系统的采场来压预报理论和技术;提出了以"限定变形"和"给定变形"为基础的位态方程(支架-围岩关系),并以此为基础,提出了系统的顶板控制设计理论和技术。

(3)岩板理论

随着采场矿山压力研究的深入,尤其是基本顶来压预报的发展,对坚硬顶板工作面,人们研究了将基本顶岩层视为四周为各种不同条件下的"板"的破断规律、基本顶在煤体上方的断裂位置,以及断裂前、后在煤与岩体内所引起的力学变化。贾喜荣等[36-37]将坚硬顶板工作面基本顶岩层视为四周为各种支撑条件下的"薄板"并研究了薄板的破断规律、基本顶在煤体上方的断裂位置,以及断裂前、后在煤与岩体内所引起的力学变化。朱德仁、钱鸣高等[38-39]提出了各种不同支撑条件下的 Winkler 的弹性基础上的弹性薄板力学模型,利用基本顶岩层形成砌体梁结构前的连续介质力学模型分析了顶板断裂的机理和模式。姜福兴[40]对中厚板进行了力学理论分析,得到了一些有益的结论。

另外,为了对开采沉陷进行预测,研究开采沉陷问题的国内外学者也提出了一些采场上覆岩层的结构模型理论,如波兰学者萨武斯托维奇的弹性基础梁理论、李特维尼申的散体结构理论等。由于这些理论仅是针对开采沉陷的最终结果研究提出的,它们一般不研究岩层破断以后的力学规律,故对采场岩层控制几乎没有意义。因此,真正意义上的采场上覆岩层结构理论应当是围绕采场岩层控制而提出的理论。

至此,开采后基本顶的稳定性、断裂时引起的扰动及断裂后形成的结构形态形成了一个总体概貌。

1.2.3 采场上覆岩层结构理论的现代研究阶段

进入 20 世纪 90 年代后,随着综放技术的发展及煤层开采条件趋于复杂,与矿山压力相关的重大灾害逐渐增多。对事故的分析使人们重新认识到矿山压力的计算模型和事故发生机理的重要性,从而进一步推动了采场上覆岩层结构理论的发展,使得采场上覆岩层结构理论进入现代研究阶段。所涉及的研究方法可归纳为力学模型理论分析法、相似材料模拟试验研究方法、数值模拟研究方法等。

钱鸣高院士领导的课题组对"砌体梁"结构进行了进一步的研究,促成了"S-R"稳定性理论的形成[41-44]。该理论认为,采动后岩体内形成的"砌体梁"力学模型是一个大结构,其中主要影响采场顶板控制的是离层区附近的几个岩块,即关键块,关键块的平衡与否直接影响到采场顶板的稳定性及支架受力的大小。因此,钱鸣高院士在"砌体梁"结构研究的前提下重点分析了关键块的平衡关系,由此提出了"砌体梁"关键块的滑落与转动变形失稳条件,即"S-R"稳定条件。缪协兴[45]对采场基本顶初次来压时的稳定性进行了分析,给出了基本顶初次来压的失稳判据。侯忠杰等[46-47]给出了较精确的基本顶断裂岩块回转端角接触面尺寸,并分别按照滑落失稳和回转失稳计算出了类型判断曲线。黄庆享等[48-49]建立了浅埋煤层采场基本顶周期来压的"短砌体梁"和"台阶岩梁"结构模型,分析了顶板结构的稳定性,揭示了浅埋工作面来压明显和顶板台阶下沉的机理是顶板结构滑落失稳,给出了维持顶板稳定的支护力计算公式;采场基本顶结构稳定性判据中有两项重要参数,即基本顶关键块与前方岩体之间的端角摩擦系数和岩块间的端角挤压系数,这两项参数的大小直接关系到顶板结构的稳定性及失稳形式的判断,对采场顶板岩层控制的定量化分析至关重要。黄庆享等[50]通过岩块试验、相似模拟和计算模拟,研究了基本顶岩块端角摩擦和端角挤压特性,得出结论基本顶岩块端角摩擦角为岩石残余摩擦角,摩擦系数为0.5,端角挤压强度受弱面的影响明显且具有规律性,端角挤压系数为 0.4。另外,钟新谷[51-53]借助突变理论分析了煤矿长壁工作面顶板变形失稳的初始条件,推导了变形失稳的分叉集,指出了顶板不发生大面积来压的条件,利用板的弹性稳定理论,分析了采场坚硬顶板的稳定性,提出了大面积顶板来压时采场顶板临界稳定参数模型;借助结构稳定理论,分析了工作面顶板"三铰拱"结构、"砌体梁"结构的变形失稳机理,建立了顶板变形失稳的几何、载荷参数条件,提出了确定合理支架刚度的标准及计算公式;同时指出,顶板岩层流变会降低顶板结构承载能力,促使变形失稳发生。闫少宏等[54]基于放顶煤开采上覆岩块运动特点引入了有限变形力学理论,提出了上位岩层结构面稳定性的定量判别式。在"砌体梁"和"传递岩梁"理论的基础上,通过大量现场观测、实验室研究和理论研究,基于"岩层质量的量变引起基本顶结构形式质变"的观点,姜福兴[55]提出了基本顶存在类拱、拱梁和梁式三种基本结构,并提出了定量诊断基本顶结构形式的"岩层质量指数法"。在此基础上,采用专家系统原理,实现了计算机自动分析柱状图,得出基本顶结构的形式和直接顶的运动参数,进而实现顶板控制的定量设计。

为了解决岩层控制中更为广泛的问题,钱鸣高院士等根据多年对顶板岩层控制的研究与实践,在 20 世纪 80 年代中后期提出了岩层控制的关键层理论[56-60],为岩层控制理论的进一步研究奠定了基础。关键层理论提出的目的是研究覆岩中厚硬岩层对层状矿体开采中节理裂隙的分布、瓦斯抽采与突水防治和开采沉陷控制等的影响,其研究实质是进一步研究硬岩层所受的载荷及其变形规律,进而了解影响工作面及地表沉陷的主要岩层及其变形形态。该理论将对上覆岩层活动全部或局部起控制作用的岩层称为关键层。覆岩中的关键层一般为厚度较大的硬岩层,但覆岩中的厚硬岩层不一定都是关键层。关键层判断的主要依据是其变形和破断特征,即在关键层破断时,其上覆全部岩层或局部岩层的下沉变形是相互协调一致的,前者称为岩层活动的主关键层,后者称为亚关键层。关键层的破断将导致全部或相当部分的上覆岩层产生整体运动。岩层中的亚关键层可能不止一层,而主关键层只有一层。茅献彪、钱鸣高等[61-62]研究了覆岩中关键层的破断规律,并就采场覆岩中关键层上载荷的变化规律作了进一步的探讨;许家林等[63]给出了覆岩关键层位置的判断方法。关键层理论揭示了采动岩体的活动规律,特别是内部岩层的活动规律,是解决采动岩体灾害的关键。关键层理论及其有关采动裂隙分布规律的研究成果为我国卸压瓦斯抽采提供了理论依据,许家林、钱鸣高等[64-67]分别对覆岩采动裂隙分布特征和覆岩采动裂隙分布的"O"形圈特征进行了研究,建立了卸压瓦斯抽采的"O"形圈理论,保证了钻孔有较长的抽采时间、较大的抽采范围、较高的瓦斯抽采率,已在淮北、淮南、阳泉等矿区的卸压瓦斯抽采中得到成功试验与应用。离层注浆减沉技术是有其适用条件的,要取得好的注浆效果,覆岩中必须存在典型关键层并能形成较长的离层区,同时应合理地布置注浆钻孔,这主要取决于对覆岩离层产生的条件及离层的动态分布规律的认识。关键层理论及其关于覆岩离层动态分布规律的研究成果,为上述问题的解决提供了理论依据[68-69]。在采场底板突水的治理中,黎良杰[70]在底板突水事故统计分析的基础上,对无断层底板关键层的破断与突水机理及有断层底板关键层的破断与突水机理进行了研究。在矿压控制研究中,关键层理论表明,相邻硬岩层的复合效应增大了关键层的破断距,当其位置靠近采场时,将引起工作面来压步距的增大和变化。此时不仅第一层硬岩层对采场矿压显现造成影响,与之产生复合效应的邻近硬岩层也对矿压显现产生影响,其影响主要体现在两方面:一是当产生复合效应的相邻硬岩层破断相同时,一方面关键层破断距增大,另一方面一次破断岩层厚度增大,增大了工作面的来压步距和矿压显现强度;二是当产生复合效应的相邻硬岩层破断距不等时,工作面来压步距将呈一大一小的周期性变化。当覆岩中存在典型的主关键层时,由于其一次破断运动的岩层范围大,尤其是当主关键层初次破断时,将引起采场较强烈的来压显现[71]。

姜福兴[72-73]通过实测、试验、数值计算等方法进一步探索了采动覆岩空间结构与应力场的动态关系。由姜福兴领导的课题组与澳大利亚联邦科学与工业研究组织(CSIRO)广泛合作,利用微地震定位监测技术揭示了采场覆岩空间破裂与采动应力场的关系,证实了采矿活动导致采场围岩的破裂存在四种类型,且以高垂直压力、低侧压的致裂机理为主流,证实了覆岩空间破裂结构与采动应力场的关系在两侧煤体稳定、煤体一侧稳定且另一侧不稳定、两个以上采空区连通三种典型边界条件下,具有不同的规律,并在空间上展示了顶板、底板、煤体的破裂形态及其与应力场的关系;通过实测,证明了在地层进入充分采动之前,上覆岩层的最大破裂高度 G 近似为采空区短边长度 L 的一半,即 $G/L \approx 0.5$。后一结论解释了煤矿连续出现了当采空区"见方"(工作面斜长与走向推进距离接近)时,压死支架或发生冲击地压的原因。采场覆岩空间结构概念的提出,解释了平面模型不能解释的综放面异常压力、采空区"见方"易发生底板突水、顶板溃水、冲击地压、煤与瓦斯突出等现象。上述研究的科学意义在于:将采场矿压与岩层运动的研究范围扩大到了基本顶以上和三维空间,从覆岩空间结构的角度研究了结构运动与采动支承压力的关系,将采场矿压的研究从平面阶段推进到了空间阶段。

此外,其他许多学者也在采场矿山压力理论及覆岩运动规律方面做了许多卓有成效的工作,对于矿山压力与岩层控制理论的发展和完善起到了巨大作用[74-84]。近年来,有些学者将非线性科学的一些基本原理应用到采场矿压与预测领域,对矿压现象的预测和可预测评价问题进行了有益的探索[85-90]。

1.3　采场底板岩层结构理论研究的国内外现状

煤层底板发生应力重新分布是由开采工作引起底板所受荷载分布发生变化而引起的,而这种荷载即支承压力,是上覆岩层通过煤体和矸石向煤层底板传播的结果。采场矿压界对底板采动破断规律的研究相对较少,并且远不如对顶板研究得那样成熟。目前,对煤层底板岩体的理论研究主要集中在三个方面:其一是采场底板应力与位移变化规律及底板岩体变形破坏特征,其二是底板岩体变形破坏后的渗流特征及突水预测预报,其三是底板突水的防治技术。研究方法主要有理论研究、相似模型试验及现场综合观测研究。

关于煤矿开采底板变形与破坏,苏联 B. 斯列萨列夫[91]于 20 世纪 40 年代提出了固定梁的概念,并以此判断底板的强度。M. 鲍莱茨基等[92]给出了不同的概念:底板开裂、底鼓、底板断裂和大块底板突起。И. A. 多尔恰尼诺夫等[93]认为,在高应力作用下(如深部开采),岩体或支承压力区出现渐进的脆性破坏,其破坏形式是裂隙渐渐扩展并发生沿裂隙的剥离和掉块。20 世纪 60 年代至 80年代末期,很多国家的岩石力学工作者在研究矿柱的稳定性时研究了底板的破坏机理。20 世纪 60 年代初,匈牙利开展了以"保护层"为中心的突水理论研究,并在 80 年代特别注意到煤层底板的应力状态和底板完整性,开展了采用原位地应力测试和数值计算的方法评价底板的稳定性。B. H. G. 布雷斯等[94]基于改进的 Hoek-Brown 岩体强度准则,并引入临界能量释放点的概念、取决于岩石性质和承受破坏应力前岩石已破裂的程度、与岩体指标相关的无量纲参数 m 和 s,从底板的承载能力出发,在不考虑水压及采面条件等情况下分析了底板的承载能力,对采动底板破坏机理研究具有参考价值。

20 世纪 80 年代以来,因我国煤矿的开采强度大幅度增长,煤矿底板突水灾害日趋严重,学术界对突水机理的研究越来越深入,许多突水机理被提出来。

刘天泉对煤层采空区底板的破坏形态进行了描述,在国内率先提出了煤层采空区底板岩层破坏的"三带"概念[95],指出底板自上而下有鼓胀开裂带($8\sim15$ m)、微小变形移动带($20\sim25$ m)和应力微变带($60\sim80$ m)组成。张金才等[96-97]从力学分析角度提出了底板岩层由采动导水裂隙带和底板隔水带组成的概念,并采用半无限体一定长度上受均匀竖向载荷的弹性解,结合莫尔-库仑(Mohr-Coulomb)强度理论和格里菲斯(Griffith)强度理论分别求得了底板受采动影响的最大破坏深度。在此基础上,将底板隔水带看作四周固支、受均布载荷作用的弹性薄板,然后采用弹塑性理论分别得到了以底板岩层抗剪及抗拉强度为基准的预测底板所能承受的极限水压力的计算公式。

　　高延法、李白英[98-99]提出"下三带"理论,该理论认为煤层底板自上而下存在采动破坏带(Ⅰ带)、完整岩层带(Ⅱ带)和导升高度带(Ⅲ带),并得出了底板破坏深度与采面斜长之间的线性关系,代表了底板变形理论研究的新成果。施龙青等[100]利用损伤力学、断裂力学分析建立了工作面底板煤岩体采动影响破坏的"下四带"理论,认为开采过程中底板原生裂隙在矿山压力和承压水作用下不断扩张进而连通是导致底板发生突水灾害的主要原因,将底板煤岩体沿深度依次划分为采动破坏带、新增损伤带、原始损伤带和原始导高带四个部分。许延春等[101]根据相似模拟试验和巷道底板现场增压注水试验研究了深部巷道底鼓突水的临界突变特征,指出了底板较大裂隙首先出现在巷道底角,且底板破坏具有突变性特征。张玉卓[102]利用断裂力学的方法研究了底板岩体地应力分布和破坏深度。曹胜根等[103]利用岩石力学中的半无限体理论,导出了受房式采煤工作面遗留煤柱影响的底板岩层的附加应力分布计算公式。

　　王作宇等[104-105]提出了底板移动的原位张裂和零位破坏理论,该理论认为在岩体的自重力和下部水压力的联合作用下,使其超前压力压缩段岩体整个结构呈现上半部受水平挤压、下半部受水平引张的状态,因而在其中部附近的底面上的原岩节理、裂隙等不连续面就产生岩体的原位张裂;底板结构岩体由超前压力压缩段的过渡引起其结构状态的质变,处于压缩段的岩体应力急剧增加,围岩的贮存能大于岩体的保留能,便以脆性破坏的形式释放残余弹性应变能,以达到岩体能量的重新平衡,从而引起采场底板岩体的零位破坏;顶板自重应力场的采场支承压力是引起底板产生破坏的基本前提,煤柱体的塑性破坏宽度是控制底板最大破坏深度的基本条件,底板岩体的内摩擦角是影响零位破坏的基本因素,该理论进一步引用塑性滑移线场理论分析了采动底板的最大破坏深度。张勇等[106]运用弹性力学相关理论分析指出,采动造成的底板卸压是急倾斜煤层底板发生破坏的原因,破坏后的底板沿倾向受力造成底板的滑移,将采动底板裂隙扩展破坏划分为压缩区、过渡区、膨胀区和重新压实区。冯梅梅等[107]针对承压水上工作面开采,运用相似材料模拟研究了底板隔水带的裂隙演化规律,结果表明:随工作面推进,底板煤岩体裂隙将不断发育贯通并向深部扩展。

　　段宏飞等[108]对杨村矿薄煤层综采工作面进行了底板变形实测,定量地得出了底板深度与工作面超前支承压力影响范围之间的关系,并根据大量实测数据总结分析得出了适合确定兖州矿区底板破坏深度的经验计算公式,为兖州煤田下组煤开采结合其他突水影响因素确定安全可采分区提供了可靠依据。高召宁等[109]根据采煤工作面前后支承压力分布规律,建立了煤层底板应力计算模型,分析了随着采煤工作面的推进,煤层底板中的垂直应力和水平应力分布规律以及煤层底板的破坏形式;根据断裂力学理论给出了不同区域内,裂纹不同破坏模式下的张开位移表达式。弓培林等[110]运用三维固-流耦合模拟试验台模拟分析了太原东山矿带压开采底板变形破坏规律,得出了带压开采的主要特点,即随着时间的增加,采空区位移恢复得较小,应力恢复表现为中部的应力值要大于边缘的应力值。

1.4 煤层群开采理论及技术研究现状

1.4.1 近距离煤层开采理论及技术研究现状

同单一煤层开采研究成果相比,近距离煤层开采研究成果较少。在解决煤层群开采问题时,许多学者首先都企图给"近距离煤层"这一概念下一个定义。苏联学者 Т. Ф. 葛尔巴切夫等[8]将煤层间的距离作为确定能否采用上行顺序开采法的条件,主要是以煤层开采时顶板破坏带高度来定义"近距离煤层",并给出破坏带高度计算公式。Т. Ф. 葛尔巴切夫在总结上行顺序开采试验的基础上,以开采下部煤层时对上部煤层是否发生影响以及影响程度,确定出上行顺序开采煤层群的基本要素和条件。我国《煤矿安全规程》[111]中将近距离煤层定义为:煤层群层间距离较小,开采时相互有较大影响的煤层。但是目前根据影响程度来确定近距离煤层的判别标准还没有统一的确定方法。

近距离煤层开采,根据各煤层群开采顺序可分为下行式开采和上行式开采两种:先采上部煤层,后采下部煤层,为下行式开采;反之为上行式开采[112]。

国内外上行开采工程实践始于 20 世纪 70 年代,在被世界采矿界广泛关注和研究的同时,有计划地进行试采。尤其以苏联、波兰、中国等为代表的国家进行了相应的研究与实践,取得了一定的成果和实践经验。上行开采法作为一种特殊的开采方法,其适用范围包括:

(1)当上部煤层顶板坚硬、煤质坚硬不易采出时,采用上行开采,可消除或减轻上煤层开采时发生的冲击地压和周期来压强度。

(2)当上部煤层含水量大、顶板淋水,工作面工作条件困难时,先采下部煤层可疏干上部煤层含水。

(3)当上部为煤与瓦斯突出煤层时,先将下部煤层作为保护层开采,可减轻或消除上部煤层的煤与瓦斯突出危险,确保矿井安全生产。

(4)当煤层赋存不稳定,上部为劣质、薄及不稳定煤层,开采困难,长期达不到矿井设计能力,可先采下部煤层,或上、下部煤层及薄、厚煤层搭配开采,以达到矿井设计能力。

(5)用于建筑物、水体及铁路下的"三下"采煤,有时需要先采下部煤层,后采上部煤层,以减轻对地表的影响。

(6) 上部煤层开采困难或投资很多,或下部煤层煤质优良,从国民经济需要出发,有时采用上行开采可迅速提高经济效益。

(7) 在某些地质和技术条件下,新建矿井采用下行与上行开采相结合的方式,可以减少初期巷道工程量、投资及建井工期,获得显著的经济效益。

国内外学者对上行开采研究主要是围绕煤层层间距和采厚进行的,特别是把煤层层间距离作为决定能否采用上行顺序开采的主要衡量指标。一种观点认为,上部煤层应处于下部煤层开采形成的围岩弯曲下沉带,层间距为下部煤层厚度的40~50倍;也有一种观点认为,只要处于不规则垮落带上方即可,但垮落带高度的计算差异较大。煤层群间能否采用上行顺序开采的判别方法主要有实践经验法、比值判别法、"三带"判别法、围岩平衡法等,并给出了相应的判别基本准则。根据以上的研究成果,实现上行顺序开采的先决条件是:下部煤层开采不破坏上部煤层的完整性和连续性。冯国瑞、张玉江等[4,113-114]通过试验、理论与工程实践的方法,以岩层控制为核心系统研究了残采区上行开采矿压控制理论和控制技术等问题,揭示了残采过程中层间岩层的结构机理,给出了上行开采可行性的定量化准确判定,得到了有益的结论。

从已有近距离煤层开采文献看,对上行开采的机理和准则,国内外研究较少,且认识也不统一。当煤层层间距很小时,不能采用该开采方法。

近距离煤层下行开采研究成果主要围绕以避开煤柱集中压力为出发点进行巷道布置。由于以往研究近距离煤层下行开采问题,大部分是煤层层间距相对较大,实际生产中采场围岩控制方面与单一煤层开采变化不大。因此,以往近距离煤层下行式开采在此方面的岩层控制理论与技术研究主要是运用已有单一煤层开采的研究成果,关注的则是下部煤层巷道的合理位置。陆士良等[115-116]依据大量实测资料,总结出巷道与煤柱边缘间水平距离与上部煤层间垂距的经验关系。

近距离煤层回采巷道布置主要有重叠布置、内错式布置和外错式布置三种形式。一般认为,在煤柱或煤体下方的一侧为增压区,应力高于原岩应力;在采空区下方一侧为卸压区,应力低于原岩应力。为了提高巷道稳定性,使下部煤层巷道处于低应力区,往往内错一定距离布置下部煤层巷道。内错水平距离常用的计算公式为[25]:

$$S \geqslant \frac{z}{\sin(\alpha + \theta)} \sin \beta \tag{1-1}$$

式中　S——内错水平距离;

　　　z——煤层间距离;

α——煤层倾角；

θ——β 角的余角，$\theta = 90° - \beta$；

β——煤体影响角，其值可变化，取 $25° \sim 55°$。

目前式(1-1)在实际生产中被普遍运用，成为选择下部煤层巷道位置及巷道围岩控制的主要依据。

1.4.2　极近距离煤层开采理论及技术研究现状

史元伟等[117]采用解析法、数值分析方法对近距离煤层开采的相互影响、开采层和煤柱下方的底板岩层应力分布规律，以及跨越上山开采、上部宽巷开采、分层垮落法开采、条带开采等的围岩应力分布规律做了许多卓有成效的研究工作，为下部煤层开采设计优化及围岩控制设计起到了积极的作用。郭文兵等[118]应用相似理论和光测弹性力学模拟试验方法，对平煤集团八矿井田内多煤层同采条件下采场围岩应力场特点以及相互影响关系进行了研究，得出了 3 组 4 层煤开采时采场围岩应力分布规律、应力集中程度及其相互之间的影响范围和影响程度。模拟结果对合理确定煤层群开采顺序以及回采巷道和区段煤柱合理布置具有一定的理论和实践意义，为多煤层同采生产实践提供了一定的参考依据。

在我国生产实践中，极近距离煤层的开采方式主要有联合开采、单层逐层开采和含夹矸煤层的综放开采。过去，由于我国采煤机械化程度较低，尤其是综采的比重不大，回采工艺落后，采煤工作面的单产普遍不高，一个大中型矿井数个采区、多个工作面同时开采才能保证要求的产量，于是通常需对煤层群中的数个煤层实行联合开拓与准备；另外，有些矿井以往开采较厚煤层，随着这些条件"优越"的煤层资源面临枯竭，势必要转移到条件相对"较差"的薄煤层群，而薄煤层群单层开采生产能力相对有限，不能满足已设计煤矿生产能力的要求，为了保证矿井产量，也会考虑极近距离煤层联合开采；此外，当上部煤层开采时水量大，下部煤层开采势必要处理上部采空区积水，往往也会考虑联合开采。

极近距离煤层联合开采的研究主要集中在联合开采合理错距方面。根据岩层移动理论，给出上部煤层工作面超前下部煤层工作面的错距应满足以下经验公式[119]：

$$X_{min} = M\cot\delta + L + b \tag{1-2}$$

式中　X_{min}——上、下部煤层工作面的合理错距；

M——煤层层间距；

δ——岩石移动角；

L——安全距离；

b——上部煤层采煤工作面的最大控顶距。

林衍等[120]采用相似模拟试验和有限元计算方法,对式(1-2)作了进一步完善,提出了确定合理错距应考虑工作面初次来压和周期来压步距,并给出了确定的经验计算公式为:

$$\begin{cases} X_{\min初} = S_初 + 2S_周 \\ 3S_周 < X_正 < L_2 \end{cases} \quad (1-3)$$

式中 $X_{\min初}$——初采合理错距;

$S_初$——上工作面初次来压步距;

$X_正$——正常回采的合理错距;

$S_周$——上工作面周期来压步距;

L_2——上部煤层单独开采时,在下部煤层水平剖面处底板应力曲线中后支承压力前边缘到上工作面煤壁处的水平距离。

随着综采技术的应用,工作面单产大幅度提高。显然,在这种情况下已没有必要同时在数个煤层中进行开拓与准备。为简化矿井的生产系统,减少用于开拓与准备的投入,提高矿井的技术经济效益,完全有条件在煤层群中的一个煤层进行开拓与准备,使煤层群实行单层开采变为可行。颜宪禹等[121-122]从矿井生产的时间集中、空间集中及经济效益三个方面,较充分地论述了煤层群采用单层开拓与准备是实现矿井生产集中化的一条有效途径。可见,随着综采技术的应用,采用单层开采是极近距离煤层群开采的主要发展趋势。

近年来,放顶煤技术在我国得到迅速发展和广泛普及,使得极近距离煤层群采用综放开采成为可能。为此,我国学者从理论和实践上进行了有益的探索,对夹矸层顶煤冒放性进行了研究,并结合现场实际提出了解决含夹矸厚煤层综放开采的技术措施[123-125]。

张顶立等[126]在力学性能试验的基础上,对煤矸组合系统的力学特性进行了较为深入的分析,确定矸石层块度、载荷层厚度及软化系数与夹矸极限厚度的关系。宋选民等[127]采用材料力学的方法确定了顶煤中夹矸层的极限厚度常用计算公式:

$$h_G < \frac{3\gamma_g + \sqrt{9\gamma_g^2 + 12\gamma_m h_m R_t}}{2R_t} \quad (1-4)$$

式中 h_G——夹矸层厚度;

γ_g——夹矸层容重;

γ_m——顶煤容重;

h_m——夹矸层上方顶煤厚度;

R_t——夹矸层抗拉强度。

已有的研究结果表明,煤层夹石对顶煤冒放性的影响比较复杂,其影响程度取决于夹石层的岩性(即强度)、层厚、层数及空间位置。一方面,夹石层较厚且强度较高时,可能出现夹矸层的悬露或破碎后块度较大而影响放煤效果;另一方面,夹矸层较厚时放煤含矸率大,影响煤质,因此对于极近距离煤层采用放顶煤开采受客观条件的限制,不能完全解决极近距离煤层群开采存在的问题。

大量现场实践表明,极近距离煤层群采用联合开采工作面和通风管理难度大,采用单层开采方式是实现大型集约化矿井生产的必由之路。随着综采技术的应用,工作面单产大幅度提高,已成为目前各矿区开采极近距离煤层群主要的开采方式。目前,极近距离煤层群开采无特别说明均指单层开采方式。然而与其广泛应用极不相称的是,极近距离煤层的开采理论系统研究尚不完善,主要是尚无极近距离煤层开采实践和经验的定性总结[128-135]。有关"极近距离煤层"还没有专门的定义与解释,只是近年来各矿区对层间距很小的煤层的习惯性统称。开采实践表明,无论采用普采还是综采,在开采过程中均发现顶板破碎,不易管理,常出现机道漏顶事故而造成低产低效。煤层开采巷道的布置形式和支护方式往往盲目性较大,巷道支护主要依靠生产经验采用锚杆、锚索、金属网与可缩性 U 型钢支架等联合支护,支护成本高,掘进效率低。

1.5 极近距离煤层开采存在的主要问题

综上所述,单一煤层开采围岩活动规律及围岩控制理论和实践研究近年来有了很大进展,然而对近距离煤层开采研究相对较少,特别是对极近距离煤层开采技术的系统研究更少。有关极近距离煤层开采研究主要是实践性和经验性的定性总结。

由于煤层层间距离不同,相互间开采的影响程度各异,对于煤层群开采当煤层层间距较大时,上部煤层开采后对下部煤层的开采影响程度很小,其矿压显现规律、开采方法不受上部煤层开采影响,与普通单一煤层开采基本相同。但是,随着煤层层间距减小,上、下部煤层间开采的相互影响会逐渐增大,特别是当煤层层间距很小时,下部煤层开采前顶板的完整程度已受上部煤层开采的影响而遭到损伤,且因上部煤层开采方法的不同,使得下部煤层开采顶板的整体力学环境亦不同:如当上部煤层采用长壁全部垮落法管理顶板时,下部煤层开采时的顶板为上部煤层开采而遭到损伤的层间岩层和上部煤层开采已垮落的矸石,下部煤层开采时的顶板边界条件为散体边界条件;若上部煤层开采采用刀柱采煤法时,上部煤层开采后采空区残留的诸多煤柱在底板形成集中压力,下部煤层开采时的顶板边界条件为集中载荷边界条件。这些不同的边界条件,必然使下部煤层开采出现许多新的矿山压力现象,表现在顶板的活动规律、支架承载特征、压力传递规律及矿压显现程度等各方面。而现有单一煤层开采和近距离煤层开采工作面顶板岩层控制的经验和理论,不能很好地解释这种矿压现象及机理,使得在极近距离煤层开采的过程中,存在许多技术难题。生产实践表明,上部煤层采出后,进行下部煤层开采时,工作面极易发生顶板冒、漏事故,进而造成与上部煤层采空区沟通,工作面漏风,严重影响着矿井正常生产和生产能力的发挥。

极近距离煤层在下部煤层开采巷道的布置形式和支护方式往往盲目性较大,支护的力学原理、支护原则与支护对策等一系列理论方面的问题尚没有系统的认识,极近距离下部煤层开采巷道合理位置确定的认识还是初步的。上部煤层开采以后,采空区残留煤柱产生的集中压力在下部煤层开采围岩形成复杂的应力场和位移场,巷道维护困难,采掘接替紧张,煤炭产量损失严重。一般认为,下部煤层开采时,在上部煤层残留的区段煤柱边缘形成一个应力降低区,将下部煤层回采巷道布置在此区域内以避开煤柱压力集中区是合适的,易于维护,而生产实践表明即使布置在应力降低区内,巷道压力显现还是十分明显,变形和破坏严重,维护十分困难。

极近距离煤层开采主要存在的问题:① 工作面矿山压力显现规律及支架-围岩关系不清晰,支护选型设计缺乏科学依据。下部煤层顶板受上部煤层采动损伤,易漏、冒顶,严重时造成支架压埋,漏风严重,形成火灾隐患。② 开采方法缺乏有效的理论指导,工作面巷道变形和破坏严重,生产成本高,经济效益低,煤炭回采率低,资源浪费严重。

极近距离煤层开采在以下方面尚需进行研究:① 极近距离煤层采场的覆岩结构及运动规律研究;② 极近距离下部煤层开采矿压显现规律研究;③ 极近距离煤层开采采场围岩控制理论和技术研究;④ 极近距离下部煤层开采确定合理的巷道布置形式及支护方式研究;⑤ 极近距离煤层采煤工艺方式及系统可靠性和开采技术保障体系的研究。

第 2 章　极近距离煤层定义和顶板分类

2.1　概述

　　煤层开采后,引起上覆岩层垮落和变形。开采煤层底板岩(煤)层也会产生一定的卸压变形和破坏,同时采场围岩中发生应力重新分布,形成采场周围的高应力和低应力区。这些区域不仅在该开采煤层内形成,而且按一定规律向其上、下岩(煤)层中传递和扩散,以致衰减。因此,煤层开采条件和层间距的不同,对邻近煤层开采的影响程度亦不同。特别是当煤层层间距小到一定程度时,邻近煤层间开采的相互影响将非常显著。本书主要是针对极近距离煤层群上部煤层开采后下部煤层开采时的矿山压力显现规律和控制理论及相关技术进行的研究。如不特别说明,书中上部煤层开采方法为长壁开采,采用全部垮落法管理顶板。

　　本章针对长壁工作面开采条件,结合上部煤层开采顶板垮落特点及应力分布规律,运用弹塑性理论、滑移线场理论分析上部煤层底板损伤深度,确定极近距离煤层的定义和判据,对极近距离煤层顶板进行分类,并结合大同矿区实际煤层赋存条件进行极近距离煤层实例判别。

2.2　上部煤层开采围岩应力分布规律

　　上部煤层开采后工作面煤柱载荷、工作面支承压力、采空区垮落矸石形成的载荷共同构成了极近距离下部煤层开采时的主要力源,而采空区垮落情况又影响着煤柱载荷、工作面支承压力和采空区底板载荷。

2.2.1　覆岩非充分垮落时围岩应力分布

　　采空区顶板垮落情况主要取决于煤层开采方法、上覆岩层分层厚度及其岩性。而采空区垮落情况又影响着煤柱载荷以及工作面支承压力。煤层开采时,随着采空区面积扩大,煤层顶板下位岩层达到极限跨距开始断裂、垮落。当顶板垮落矸石不能完全充满采空区时,上覆岩层大部分呈悬空状态,采空区上覆未垮落岩层的重量将通过梁或板的形式传递到采空区周围煤体或煤柱上,这种顶板垮落方式称为非充分垮落。该种情况一般发生在煤层采用短壁开采(如房柱式、刀柱式开采等)或长壁开采初期,工作面推进距离较短时。采空区顶板非充分垮落时,围岩载荷集度计算过程如下。

2.2.1.1 煤柱载荷集度 q_p

煤柱上的载荷是由煤柱上覆岩层重量(图 2-1 中 $aabb$)及一侧($dcfe$)或两侧($abcd$)采空区悬露岩层转移到煤柱上的部分重量所引起的。

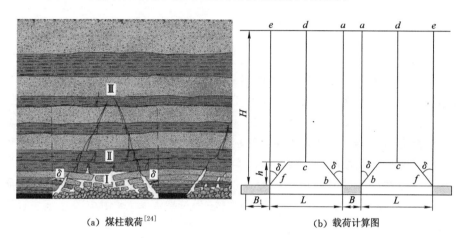

(a) 煤柱载荷[24]　　　　　　　　(b) 载荷计算图

Ⅰ—垮落带岩层;Ⅱ—裂隙带岩层;Ⅲ—弯曲下沉带岩层。

图 2-1　煤柱载荷示意图

(1) 两侧采空时的煤柱载荷集度

若煤柱两侧均已采空,采空区岩层垮落高度为 h,煤柱上的总载荷为:

$$p = [(B+L)H - (L - h\tan\delta)h]\gamma \tag{2-1}$$

式中　p——煤柱上的总载荷;

　　　H——开采深度;

　　　L——采空区宽度;

　　　B——煤柱宽度;

　　　δ——采空区上覆岩层垮落角;

　　　h——采空区岩层垮落高度;

　　　γ——上覆岩层的平均容重。

根据煤柱上的总载荷 p,可得出煤柱的载荷集度 q_p 为:

$$q_p = \frac{p}{B} = \frac{[(B+L)H - (L - h\tan\delta)h]\gamma}{B} \tag{2-2}$$

采用短壁开采，当采空区岩层未垮落时($h=0$)，上方的覆岩重量将全部转移到邻近的煤柱上，此时各煤柱将共同承担上覆载荷，式(2-2)可进一步简化为：

$$q_p = \frac{p}{B} = \frac{(B+L)H\gamma}{B} \tag{2-3}$$

式(2-3)即为辅助面积法计算煤柱载荷的计算公式。

(2) 一侧采空煤体边缘载荷

若煤柱一侧采空，采空区岩层垮落高度为 h 时，一侧采空的煤体边缘支承压力影响宽度为 B_1，则煤体边缘的总载荷为：

$$p = \left[\left(B_1 + \frac{L}{2}\right)H - \frac{1}{2}(L - h\tan\delta)h\right]\gamma \tag{2-4}$$

则煤体边缘的载荷集度 q_p 为：

$$q_p = \frac{p}{B_1} = \frac{\left[\left(B_1 + \dfrac{L}{2}\right)H - \dfrac{1}{2}(L - h\tan\delta)h\right]\gamma}{B_1} \tag{2-5}$$

2.2.1.2　采空区底板的载荷集度 q_c

非充分垮落时，采空区底板承受的载荷仅仅来自采空区垮落的岩石。则煤层开采后采空区底板的载荷集度 q_c 为：

$$q_c = \frac{L - h\tan\delta}{L}h\gamma \tag{2-6}$$

2.2.2　覆岩充分垮落时围岩应力分布

对于长壁工作面开采而言，当工作面自开切眼向前推进一段距离后，采空区上方的直接顶受力超过其自身强度时，将断裂垮落。直接顶垮落后，基本顶岩层一般尚保持完整，上覆岩层的重量则由基本顶传递至回采空间两侧煤体的支承点上。随着工作面的继续推进，采空区跨度增加，当基本顶所承受的荷载超过自身强度时，基本顶岩层将开始断裂、垮落，形成初次垮落乃至周期性垮落过程。下位岩层垮落后，垮落矸石被逐渐压实，使上部未垮落岩石在不同程度上重新得到支撑，这种顶板垮落方式称为充分垮落。根据岩层的破坏特征和结构特点，长壁工作面推过后采空区顶板由下往上岩层移动一般可以分为垮落带、裂隙带、弯曲下沉带，最终可能引起地表下沉。此时，采空区四周应力分布，如图 2-2 所示。工作面前方煤壁形成超前支承压力，它随着工作面推进而向前移动。现有观测资料表明[25]，工作面超前支承压力峰值位置一般距煤壁 4～8 m，影响范围为

40~60 m,少数可达 60~80 m,应力集中系数 k 为 2.5~3.0。工作面两端沿上、下平巷煤壁的压力称为侧向支承压力,侧向支承压力影响范围一般为 15~30 m,少数可达 35~40 m,应力集中系数为 2~3。在采空区内形成后支承压力,采煤工作面推过一定距离后,采空区上覆岩层活动将趋于稳定,采空区某些地带垮落矸石被逐渐压实,使上部未垮落岩石在不同程度上重新得到支撑,因此距工作面一定距离的采空区范围内,存在较小的支承压力,距工作面一定距离外一般只恢复到稍大或略小于或等于原岩应力。侧向支承压力和超前支承压力在上、下平巷与回采空间交叉点会合,称为叠合支承压力,叠合支承压力的应力集中系数可达 5~7,有时甚至更高。

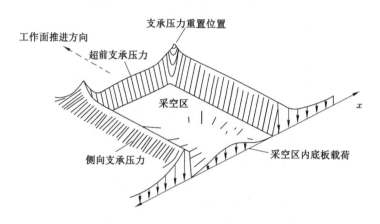

图 2-2 长壁工作面采场周围支承压力分布示意图[96]

综合以上分析,采空区顶板充分垮落时,围岩载荷集度计算过程如下。

2.2.2.1 支承压力集度 q_{ap}

定义煤壁到支承压力峰值位置的距离为 x_0,煤壁到支承压力影响边界的距离为 x_1。为简化计算,假设煤壁到支承压力峰值位置的距离(极限平衡区)及峰值位置到其影响边界的距离(弹性区)的变化按照线性规律分别递增和递减。在极限平衡区内,其值大小由 0 增长到峰值;在弹性区内,其值大小由峰值减小到原岩自重应力。则支承压力集度 q_{lp} 为:

$$q_{lp} = \frac{k\gamma H x_0 + (k\gamma H + \gamma H)(x_1 - x_0)}{2x_1} \tag{2-7}$$

进一步整理得:

$$q_{lp} = \frac{[(1+k)x_1 - x_0]\gamma H}{2x_1} \tag{2-8}$$

2.2.2.2　采空区底板的载荷集度 q_{cp}

采空区充分垮落,采煤工作面推过一定距离后,采空区上覆岩层活动将趋于稳定,采空区某些地带垮落矸石被逐渐压实。则煤层开采后采空区底板的载荷集度 q_{cp} 为:

$$q_{cp} = \gamma(H - M) \tag{2-9}$$

式中　M——煤层开采厚度。

其他符号含义同前。

2.3　煤层开采底板损伤状态分析

由以上分析可知,上部煤层开采方法不同,将使得下部煤层开采顶板的整体力学环境不同,由此而诱发底板岩层的变形和破坏程度亦不同。本节以长壁工作面顶板充分垮落的开采情况为例,对底板损伤状态进行分析。

2.3.1　弹塑性理论计算

对于长壁工作面开采,形成的采空区在推进方向上的横断面为矩形,开采高度远远小于开采宽度,因此可将采场抽象成图 2-3 所示采场围岩应力计算模型。设顶板未垮落时的最大开采宽度为 $L = 2a$,垂直方向应力载荷为 γH(γ 为采场上覆岩层的平均容重,H 为煤层埋藏深度),水平方向应力载荷为 $\lambda \gamma H$(λ 为水平应力系数)。在图 2-3 中所示坐标系下,利用弹性理论,可以求得采场附近的应力分布为:

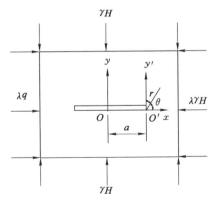

图 2-3　采场围岩应力计算模型

$$\begin{cases} \sigma_x = \gamma H \sqrt{\dfrac{L}{2r}} \cos\dfrac{\theta}{2} \left(1 - \sin\dfrac{\theta}{2}\sin\dfrac{3\theta}{2}\right) - (1-\lambda)\gamma H \\[3mm] \sigma_y = \gamma H \sqrt{\dfrac{L}{2r}} \cos\dfrac{\theta}{2} \left(1 + \sin\dfrac{\theta}{2}\sin\dfrac{3\theta}{2}\right) \\[3mm] \tau_{xy} = \gamma H \sqrt{\dfrac{L}{2r}} \cos\dfrac{\theta}{2}\sin\dfrac{\theta}{2}\cos\dfrac{3\theta}{2} \end{cases} \qquad (2\text{-}10)$$

显然,在确定的点(r,θ)处,采场的开采宽度L越大,工作面周围的应力就越大,在应力集中区的应力集中程度就越高。鉴于实际计算的$r \ll L$以及λ一般取1,所以式(2-10)中第二项$(1-\lambda)\gamma H$对σ_x的影响可以忽略,因此,采场边缘的应力可以用主应力表示为:

平面应力状态下:

$$\begin{cases} \sigma_1 = \dfrac{\gamma H}{2}\sqrt{\dfrac{L}{r}}\cos\dfrac{\theta}{2}\left(1 + \sin\dfrac{\theta}{2}\right) \\[3mm] \sigma_2 = \dfrac{\gamma H}{2}\sqrt{\dfrac{L}{r}}\cos\dfrac{\theta}{2}\left(1 - \sin\dfrac{\theta}{2}\right) \\[3mm] \sigma_3 = 0 \end{cases} \qquad (2\text{-}11)$$

平面应变状态下:

$$\begin{cases} \sigma_1 = \dfrac{\gamma H}{2}\sqrt{\dfrac{L}{r}}\cos\dfrac{\theta}{2}\left(1 + \sin\dfrac{\theta}{2}\right) \\[3mm] \sigma_2 = \dfrac{\gamma H}{2}\sqrt{\dfrac{L}{r}}\cos\dfrac{\theta}{2}\left(1 - \sin\dfrac{\theta}{2}\right) \\[3mm] \sigma_3 = \mu\gamma H\sqrt{\dfrac{L}{r}}\cos\dfrac{\theta}{2} \end{cases} \qquad (2\text{-}12)$$

式中 μ——采场围岩的泊松比。

2.3.1.1 平面应力状态采场边缘屈服破坏区

假定围岩屈服破坏时服从莫尔-库仑准则,即:

$$\sigma_1 - \xi\sigma_3 = R_{rmc} \qquad (2\text{-}13)$$

式中 R_{rmc}——岩体单轴抗压强度;

ξ——三轴应力系数,$\xi = \dfrac{1+\sin\varphi}{1-\sin\varphi}$,$\varphi$为岩体内摩擦角。

将式(2-11)代入式(2-13),可得平面应力状态下采场边缘破坏区的边界方程为:

$$r = \dfrac{\gamma^2 H^2 L}{4R_{rmc}^2}\cos^2\dfrac{\theta}{2}\left(1 + \sin\dfrac{\theta}{2}\right)^2 \qquad (2\text{-}14)$$

当$\theta = 0$时,从式(2-14)可以求得采场边缘的水平方向屈服破坏区长度r_0为:

$$r_0 = \frac{\gamma^2 H^2 L}{4 R_{\text{rmc}}^2} \tag{2-15}$$

利用式(2-15)可以求出开采层边缘下方由于应力集中导致的底板岩体屈服破坏深度 h 为:

$$h = \frac{\gamma^2 H^2 L}{4 R_{\text{rmc}}^2} \cos^2 \frac{\theta}{2} \left(1 + \sin \frac{\theta}{2}\right)^2 \sin \theta \tag{2-16}$$

将式(2-16)对 θ 求一阶导数,解方程可得到平面应力状态下底板岩体的最大屈服破坏深度 $h_{\max}$ 为:

$$h_{\max} = \frac{1.57 \gamma^2 H^2 L}{4 R_{\text{rmc}}^2} \tag{2-17}$$

该最大值在 $\theta = -74.84°$ 时(负号表示图 2-4 中 x 轴顺时针旋转)取得。

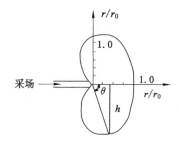

图 2-4 采场边缘岩体屈服破坏区域

式(2-17)表明,采场边缘底板岩体最大屈服破坏深度与工作面开采宽度成正比,与岩体中垂直应力的平方成正比关系,与岩体单轴抗压强度的平方成反比关系。

底板岩体最大屈服破坏深度与工作面端部的水平距离 L_p 为:

$$L_p = h_{\max} \cot \theta = \frac{0.42 \gamma^2 H^2 L}{4 R_{\text{rmc}}^2} \tag{2-18}$$

2.3.1.2 平面应变状态采场边缘屈服破坏区

将式(2-12)代入式(2-13),可以得到平面应变状态下采场边缘附近破坏区的边界方程:

$$r' = \frac{\gamma^2 H^2 L}{4 R_{\text{rmc}}^2} \cos^2 \frac{\theta}{2} \left(1 + \sin \frac{\theta}{2} - 2\xi\mu\right)^2 \tag{2-19}$$

当 $\theta = 0$ 时,由式(2-19)可以求出平面应变情况下采场边缘水平方向屈服破坏区深度 r_0':

$$r_0' = \frac{\gamma^2 H^2 L (1 - 2\xi\mu)^2}{4 R_{\text{rmc}}^2} \tag{2-20}$$

平面应变情况开采层边缘底板下方岩体的屈服破坏深度 h'_0 为：

$$h'_0 = r' \sin \theta = \frac{\gamma^2 H^2 L}{4 R_{\text{rmc}}^2} \cos^2 \frac{\theta}{2} \left(1 + \sin \frac{\theta}{2} - 2\xi\mu\right)^2 \sin \theta \tag{2-21}$$

利用式（2-21），通过 $\dfrac{\mathrm{d}h'_0}{\mathrm{d}\theta} = 0$ 得：

$$\frac{\gamma^2 H^2 L \cos^2 \dfrac{\theta}{2} \left(1 - 2\xi\mu + \sin \dfrac{\theta}{2}\right) \left[-2 + 4\xi\mu + (4 - 8\xi\mu)\cos\theta - 3\sin\dfrac{\theta}{2} + 3\sin\dfrac{3\theta}{2}\right]}{8 R_{\text{rmc}}^2} = 0 \tag{2-22}$$

由式（2-22）得到有效解为：

$$\theta = -2\mathrm{Arccos}\left(-2\sqrt{\xi\mu - \xi\mu^2}\right) \tag{2-23}$$

由式（2-22）和式（2-23）可以求出平面应变状态下开采层边缘下方由于应力集中导致的底板岩体最大屈服破坏深度 $h'_{\max}$ 为：

$$h'_{\max} = \frac{\gamma^2 H^2 L}{4 R_{\text{rmc}}^2} \cos^2 \left[-\mathrm{Arccos}\left(-2\sqrt{\xi\mu - \xi\mu^2}\right)\right] \{1 - \sin\left[\mathrm{Arccos}\left(-2\sqrt{\xi\mu - \xi\mu^2}\right)\right] -$$
$$2\xi\mu\}^2 \sin\left[-2\mathrm{Arccos}\left(-2\sqrt{\xi\mu - \xi\mu^2}\right)\right] \tag{2-24}$$

比较式（2-16）和式（2-21）可以看到，平面应力状态下采场边缘的破坏范围要比平面应变状态下的大。以上计算没有考虑屈服破坏区岩体由于发生应力屈服导致的塑性流动效果，如果考虑这种效果，屈服破坏区的范围还会进一步增大。所以在实际工程计算时可以按照式（2-17）确定采场底板屈服破坏深度（即为底板损伤深度，用 h_σ 表示），考虑到岩体节理裂隙影响，式（2-17）可改写为：

$$h_\sigma = \frac{1.57\gamma^2 H^2 L}{4\beta^2 R_c^2} \tag{2-25}$$

式中　β——岩体节理裂隙影响系数；

　　　R_c——试验室岩块单轴抗压强度。

2.3.2　滑移线场理论计算

仍以长壁工作面开采为例，根据滑移线场理论，受支承压力影响而形成的底板岩体屈服破坏深度可以用图 2-5 表示。则底板岩体屈服破坏深度 h 为：

$$h = r_0 \mathrm{e}^{\alpha\tan\varphi_f} \cos\left(\alpha + \frac{\varphi}{2} - \frac{\pi}{4}\right) \tag{2-26}$$

$$r_0 = \frac{x_0}{2\cos\left(\dfrac{\pi}{4} + \dfrac{\varphi_f}{2}\right)} \tag{2-27}$$

由 $\dfrac{\mathrm{d}h}{\mathrm{d}\alpha} = 0$ 可求得底板岩层的最大屈服破坏深度 $h_{\max}$ 为：

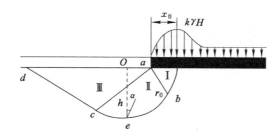

Ⅰ—主动极限区；Ⅱ—过渡区；Ⅲ—被动极限区。

图 2-5　支承压力所形成的底板屈服破坏深度

$$\frac{\mathrm{d}h}{\mathrm{d}\alpha} = r_0\,\mathrm{e}^{\alpha\tan\varphi_\mathrm{f}}\cos\left(\alpha+\frac{\varphi_\mathrm{f}}{2}-\frac{\pi}{4}\right)\tan\varphi_\mathrm{f} - r_0\,\mathrm{e}^{\alpha\tan\varphi_\mathrm{f}}\sin\left(\alpha+\frac{\varphi_\mathrm{d}}{2}-\frac{\pi}{4}\right) = 0$$

即

$$\tan\varphi_\mathrm{f} = \tan\left(\alpha+\frac{\varphi_\mathrm{f}}{2}-\frac{\pi}{4}\right) \tag{2-28}$$

$$\alpha = \frac{\varphi_\mathrm{f}}{2}+\frac{\pi}{4} \tag{2-29}$$

由式(2-26)～式(2-29)得：

$$h_{\max} = \frac{x_0\cos\varphi_\mathrm{f}}{2\cos\left(\dfrac{\pi}{4}+\dfrac{\varphi_\mathrm{f}}{2}\right)}\mathrm{e}^{\left(\frac{\varphi_\mathrm{f}}{2}+\frac{\pi}{4}\right)\tan\varphi_\mathrm{f}} \tag{2-30}$$

根据极限平衡理论计算煤壁塑性区宽度 x_0 为：

$$x_0 = \frac{M}{2\xi f}\ln\frac{k\gamma H + C\cot\varphi}{\xi(p_\mathrm{i}+C\cot\varphi)} \tag{2-31}$$

由式(2-30)和式(2-31)确定上部煤层开采时底板岩层最大屈服破坏深度 $h_{\max}$，即采场底板损伤深度 h_σ 为：

$$h_\sigma = \frac{M\cos\varphi_\mathrm{f}\ln\dfrac{k\gamma H + C\cot\varphi}{\xi(p_\mathrm{i}+C\cot\varphi)}}{4\xi f\cos\left(\dfrac{\pi}{4}+\dfrac{\varphi_\mathrm{f}}{2}\right)}\mathrm{e}^{\left(\frac{\varphi_\mathrm{f}}{2}+\frac{\pi}{4}\right)\tan\varphi_\mathrm{f}} \tag{2-32}$$

式中　M——煤层开采厚度；

　　　k——应力集中系数；

　　　γ——采场上覆岩层的平均容重；

　　　H——煤层埋藏深度；

　　　C——煤体的黏聚力；

　　　φ——煤体的内摩擦角；

f——煤层与顶底板接触面的摩擦系数；

ξ——三轴应力系数，$\xi = \dfrac{1+\sin\varphi}{1-\sin\varphi}$；

p_i——支架对煤帮的阻力；

φ_f——底板岩层内摩擦角。

2.4 极近距离煤层定义和判据

由于成煤条件不同，煤层的赋存情况诸如煤层厚度、可采层数、煤层间距变化很大。在各种赋存状态中，煤层间距是影响开采的主要因素。近距离煤层的相互影响主要包括使邻近煤层开采区域的顶板结构和应力环境发生变化。因此，研究邻近煤层开采后围岩应力分布规律及变形破坏特征，是确定煤层群开采方法和控制方式的关键因素。所谓近距离煤层，我国《煤矿安全规程》附录中的解释为"煤层群层间距离较小，开采时相互有较大影响的煤层"。到目前为止，近距离煤层的判别标准仍是定性的。而"极近距离煤层"只是近年来各矿区对层间距很小的煤层的习惯性统称，没有统一的确定标准[136]。

2.4.1 极近距离煤层定义

2.4.1.1 定性定义

由于煤层的赋存条件和煤层层间距的不同，煤层开采的相互影响程度亦不同，煤层群下行开采实践表明，随着煤层层间距离的减小，煤层间的影响程度增大，特别当煤层层间距小到一定程度时，下部煤层顶板（也是上部煤层底板）的完整程度受上部煤层采动影响，其完整性被破坏，使下部煤层开采时，工作面极易发生顶板冒、漏事故，与上部煤层采空区沟通，造成工作面漏风，易形成火灾隐患，严重影响矿井安全生产。因此，上部煤层开采对下部煤层的影响，主要包括对下部煤层工作面、巷道的围岩控制及开采过程中自然灾害防治的影响等。

故此，从定性分析的角度，可将煤层层间距很小，开采时相互间具有显著影响的煤层定义为极近距离煤层。

2.4.1.2 定量定义

上部煤层的开采引起底板中应力的重新分布，应力集中程度随底板深度的增加而衰减，当应力衰减至底板岩层的承载能力时，此时底板岩层深度为 h_o（定义为损伤深度）。以 h_o 作为划分极近距离煤层的依据，定义为当煤层间岩层厚度（煤层层间距）h_j 满足 $h_j \leqslant h_o$ 时，该煤层群为极近距离煤层群。

2.4.2 极近距离煤层判据

根据以上极近距离煤层定量定义,结合前两节理论推导公式,当煤层层间距离 h_j 满足式(2-33)或式(2-34)时,就属于极近距离煤层。

(1) 运用弹塑性理论确定极近距离煤层的判据为:

$$h_j \leqslant \frac{1.57\gamma^2 H^2 L}{4\beta^2 R_c^2} \tag{2-33}$$

(2) 运用滑移线场理论确定极近距离煤层的判据为:

$$h_j \leqslant \frac{M\cos\varphi_f \ln\dfrac{k\gamma H + C\cot\varphi}{\xi(p_i + C\cot\varphi)} e^{\left(\frac{\varphi_f}{2} + \frac{\pi}{4}\right)\tan\varphi_f}}{4\xi f \cos\left(\dfrac{\pi}{4} + \dfrac{\varphi_f}{2}\right)} \tag{2-34}$$

符号含义同前。

2.5 极近距离煤层顶板分类

如前所述,极近距离下部煤层开采时,上部煤层底板即为下部煤层开采的直接顶,它的力学环境和完整性的破坏程度对下部煤层开采时的围岩控制和开采过程中灾害防治的选择至关重要。在层间距很小的煤层中,由于上部煤层开采对下部煤层顶板的损伤程度不同,现有的顶板分类对下部煤层开采已没有指导意义[137]。为了研究极近距离煤层在开采中的相互影响,需要对极近距离煤层的顶板分类进行研究。

根据极近距离煤层的定义以及下部煤层开采时围岩控制的难易程度,本书采用下面的指标作为极近距离下部煤层顶板分类的评判标准:

① 极近距离煤层间岩层厚度 h_j;

② 屈服比 ψ,即上部煤层开采引起的底板岩层损伤深度与上、下部煤层间岩层厚度之比:

$$\psi = \frac{h_\sigma}{h_j} \tag{2-35}$$

式中,h_σ 为底板岩层损伤深度,可根据式(2-25)或式(2-32)计算得到。当岩层中的应力水平达到或超过岩层的屈服极限时,会产生大量次生裂隙,ψ 描述的是上部煤层开采后屈服区在底板岩层中所占的比例。

根据屈服比 ψ 以及煤层间岩层厚度,可以将极近距离煤层顶板划分为 3 类,具体的分类方式如表 2-1 所示。

表 2-1　极近距离煤层顶板分类

类别	分类指标		
	夹石假顶	碎裂顶板	块裂顶板
屈服比 ψ		$\psi \geqslant 1$　　$\psi < 1$	$\psi < 1$
煤层间岩层厚度 h_j/m	$h_j \leqslant 0.5$ m	0.5 m$< h_j \leqslant 1.5$ m	1.5 m$< h_j \leqslant f_s h_\sigma$

（1）夹石假顶

如果两层煤之间的岩层厚度不超过 0.5 m，则视之为夹石假顶。属于夹石假顶类的顶板相当于煤层中的夹矸，在工程实践中可把上、下两煤层及其中间岩层视为同一煤层开采。

（2）碎裂顶板

如果下部煤层顶板的 $\psi \geqslant 1$，说明上部煤层开采后该顶板已经完全损伤破坏，此类顶板称为碎裂顶板。另外对于某些岩层，尽管属于 $\psi < 1$ 的情况，但可能其 h_j 比较小（0.5 m$< h_j \leqslant 1.5$ m），考虑到下部煤层开采时采动影响及支架初撑力的要求，也把它归入碎裂顶板之列。该类顶板完整性遭到严重破坏，如果下部煤层的回采巷道布置在上部煤层采空区下，由于顶板过于破碎或没有足够厚度的被加固岩层，巷道顶板只能采用棚式支架进行支护。

（3）块裂顶板

如果下部煤层顶板的 $\psi < 1$ 且顶板厚度满足 1.5 m$< h_j \leqslant f_s h_\sigma$（$f_s$ 为安全系数，一般取 1.2），说明上部煤层开采后该顶板尚未完全损伤破坏，且具备足够的被加固岩层厚度，此类顶板称为块裂顶板。如果下部煤层的回采巷道布置在上部煤层采空区下，此类巷道顶板可以采用锚杆进行支护。

2.6　极近距离煤层判别实例

2.6.1　实例计算一

以四台煤矿 404 盘区煤层开采条件为例：上部 10# 煤层采深为 215 m；上覆岩层平均容重为 25 kN/m³；工作面长度为 156 m；10# 煤层平均厚度 M 为 1.92 m；10# 煤层与下部 11#-12-1# 合并煤层之间为粉细砂岩，岩石块体的单轴抗压强度为 61.8 MPa，节理裂隙影响系数为 0.32；内摩擦角 φ 为 29.5°，考虑煤层的节理裂隙影响，黏聚力 C 取 1.08 MPa；回采引起的应力集中系数取 3.6；支架对煤帮的阻力 p_i 取 0；煤层与顶、底板岩层接触面的摩擦系数取 0.2。

根据以上实测数据，依据式（2-32）和式（2-33）计算得出，四台煤矿 404 盘区煤层开采条件下,极近距离煤层的最大层间距分别为 5.43 m 和 3.84 m。根据极近距离煤层的定义,考虑煤矿开采的不利因素,确定四台煤矿 404 盘区极近距离煤层的间距 $h_j \leqslant 5.5$ m。404 盘区上部 $10^\#$ 煤层与下部 $11^\#$-$12^{-1\#}$ 合并煤层层间距大部分为 0.4~3.0 m,故 $10^\#$ 煤层与 $11^\#$-$12^{-1\#}$ 合并煤层为极近距离煤层。

2.6.2 实例计算二

以大同矿区侏罗纪下组煤层群普通赋存条件为例:下组煤层群一般平均埋深为 300 m;上覆岩层平均容重取 25 kN/m³;工作面平均长度为 150 m;煤层平均厚度为 3.0 m;煤层间的岩层多为砂岩类,此类岩石块体的单轴抗压强度为 55.2~85.0 MPa,平均取 64 MPa,节理裂隙影响系数一般为 0.37,砂岩类岩体内摩擦角取 33°;考虑煤层的节理裂隙影响,煤层黏聚力取 1.8 MPa,煤层内摩擦角取 30°;回采引起的应力集中系数取 3.6;支架对煤帮的阻力取 0;煤层与顶、底板岩层接触面的摩擦系数取 0.2。

根据以上数据,依据式(2-33)和式(2-34)计算得出,大同矿区下组煤层开采条件下,极近距离煤层的最大层间距分别为 5.91 m 和 5.16 m。根据极近距离煤层的定义,考虑煤矿开采的不利因素,最终确定大同矿区极近距离煤层层间距 $h_j \leqslant 6$ m,即大同矿区煤层群层间距小于 6 m 时为极近距离煤层。

2.7 本章小结

(1) 上部煤层开采后工作面煤柱载荷、工作面支承压力、采空区垮落矸石形成的载荷共同构成了极近距离下部煤层开采时的主要力源。根据极近距离煤层开采特点,上部煤层工作面采空区顶板垮落特征分为充分垮落和非充分垮落两类。

① 当采空区垮落矸石不能完全充满采空区时,上覆岩层大部分呈悬空状态,采空区上覆未垮落岩层的重量将通过梁或板的形式传递到采空区周围煤体或煤柱上。这种顶板垮落方式称为非充分垮落。非充分垮落时:

两侧采空时煤柱载荷集度为:$q_p = \dfrac{[(B+L)H - (L - h\tan\delta)h]\gamma}{B}$;

一侧采空时煤柱载荷集度为:$q_p = \dfrac{\left[(B_1 + \dfrac{L}{2})H - \dfrac{1}{2}(L - h\tan\delta)h\right]\gamma}{B_1}$;

采空区底板的载荷集度为:$q_c = \dfrac{L - h\tan\delta}{L} h\gamma$。

② 对于长壁工作面开采,随着工作面的继续推进,采空区跨度增加,当基本顶

所承受的荷载超过自身强度时,基本顶岩层将开始断裂、垮落,形成初次垮落乃至周期性垮落过程。下位岩层垮落后,垮落矸石被逐渐压实,使上部未垮落岩石在不同程度上重新得到支撑,这种顶板垮落方式称为充分垮落。充分垮落时:

支承压力集度为:$q_{lp} = \dfrac{[(1+k)x_1 - x_0]\gamma H}{2x_1}$;

采空区底板的载荷集度为:$q_{cp} = \gamma(H - M)$。

(2)给出了极近距离煤层的定义。

从定性分析的角度,将煤层层间距很小,开采时相互间具有显著影响的煤层定义为极近距离煤层;定量上,以上部煤层开采时对底板岩层的损伤深度 h_a 作为划分极近距离煤层的依据,当煤层层间距 h_j 满足 $h_j \leqslant h_a$ 时,该煤层群定义为极近距离煤层群。

(3)根据极近距离煤层群定义结合理论推导公式,确定极近距离煤层的判据。

① 运用弹塑性理论确定极近距离煤层的判据为:

$$h_j \leqslant \frac{1.57\gamma^2 H^2 L}{4\beta^2 R_c^2}$$

② 运用滑移线场理论确定极近距离煤层的判据为:

$$h_j \leqslant \frac{M\cos\varphi_f \ln\dfrac{k\gamma H + C\cot\varphi}{\xi(p_i + C\cot\varphi)} e^{\left(\frac{\varphi_f}{2} + \frac{\pi}{4}\right)\tan\varphi_f}}{4\xi f \cos\left(\dfrac{\pi}{4} + \dfrac{\varphi_f}{2}\right)}$$

(4)确定了以屈服比 ψ 作为极近距离煤层顶板分类的依据,对极近距离煤层顶板进行了分类。

屈服比 ψ 为上部煤层开采引起的底板岩层损伤深度与上部煤层底板岩层的厚度之比,即 $\psi = \dfrac{h_a}{h_j}$。

根据屈服比 ψ 以及煤层间岩层厚度 h_j,把极近距离煤层顶板划分为夹石假顶、碎裂顶板、块裂顶板三类。

(5)根据极近距离煤层群定义,以大同矿区为例进行实例判别,确定了大同"两硬"条件下极近距离煤层的层间距为 $h_j \leqslant 6$ m。即大同矿区"两硬"条件下,煤层层间距为 6 m 以下的煤层群为极近距离煤层群。

第3章 极近距离下部煤层开采矿压显现规律

3.1 概述

大同矿区作为我国最大的能源基地之一,现采煤层属于侏罗纪大同组煤系。其主要可采煤层有 $2^\#$ 、$3^\#$ 、$4^\#$ 、$7^\#$ 、$8^\#$ 、$9^\#$ 、$11^\#$ 、$12^\#$ 、$14^\#$ 、$15^\#$ 煤层。其中下组煤层层间距很小,分岔、合并频繁。根据极近距离煤层定义,大同矿区极近距离煤层主要存在于 $11^{-1\#}$ 、$11^{-2\#}$ 、$12^{-1\#}$ 、$12^{-2\#}$ 、$14^{-2\#}$ 、$14^{-3\#}$ 、$15^{-1\#}$ 、$15^{-2\#}$ 煤层。总体而言,大同矿区煤层的结构相对较致密,单轴抗压强度较高,一般在 18 MPa 以上;大同组地层各岩层岩性组成,除 $2^\#$ 煤层上为云冈组砾岩、砂砾岩外,其他均为粉砂岩、细砂岩、中粗粒砂岩互层,这些岩层一般分层厚度较厚,岩石的强度较高,单轴抗压强度在 $55.2\sim85$ MPa 之间,具有我国煤矿"两硬"开采条件的典型特征[138]。对于"两硬"条件下单一煤层开采矿压显现规律的研究,我国学者在此方面已经取得了重要的成果[24,139-140],基本了解了"两硬"条件下顶板的活动规律,概括起来主要存在工作面来压步距大、动载系数大、顶板存在大面积冒落的隐患。根据实测,统计分析得出大同矿区 $11^\#$ 煤层(顶板为中粗砂岩)工作面初次来压步距在 $35\sim50$ m 之间,周期来压步距为 $10\sim30$ m,动载系数为 $1.48\sim1.42$;$12^\#$ 煤层(顶板为中粗砂岩)工作面初次来压步距在 $30\sim40$ m 之间,周期来压步距为 $12\sim15$ m,动载系数为 $1.66\sim1.99$。在坚硬顶板控制技术方面,主要采用强力支架支撑顶板、人工强制放顶及弱化顶板等技术措施使采空区的顶板在采动中自行垮落。

由于极近距离煤层上部煤层开采时的矿压显现规律与单一煤层开采时的基本相同,故本章研究的极近距离煤层开采矿压显现规律主要指上部煤层开采后,下部煤层回采时的矿压显现规律。为掌握这种特殊条件下极近距离煤层开采矿压显现规律,寻求有效的顶板控制方法,本章通过对大同矿区王村煤矿和四台煤矿极近距离下部开采煤层的现场实测,并结合数值模拟分析的方法,研究极近距离下部煤层开采工作面矿压显现的基本规律。

3.2 王村煤矿极近距离煤层开采矿压显现规律

3.2.1 王村煤矿极近距离煤层赋存概况

王村煤矿可采煤层中符合极近距离赋存条件的煤层主要分布在 $11^{-1\#}$、$11^{-2\#}$、$12^{-1\#}$ 煤层。极近距离下部煤层开采工作面矿压观测分别在 $11^{-2\#}$ 煤层 404 盘区 8407、8406 工作面和 408 盘区 8803 工作面进行。$11^{-2\#}$ 煤层上部为 $11^{-1\#}$ 煤层,厚度平均为 3.33 m,已采空。三个工作面全部采用倾斜长壁后退式全部垮落法综合机械化采煤,采用 ZY5000-16/27.5 型掩护式液压支架支护顶板,回采巷道采用内错式布置。

8407 工作面长度为 114 m,可采长度为 450 m,煤层厚度平均为 2.5 m,煤层埋藏深度为 110～160 m,煤层倾角为 1°～3°。$11^{-1\#}$ 煤层和 $11^{-2\#}$ 煤层层间距为 2.5～4.2 m,平均为 3.5 m,岩性为灰白色粉、细砂岩互层,薄层状,微斜波状层理,胶结致密,坚硬。岩层层理发育。其中层间上部岩样抗压强度为 84.4 MPa,抗拉强度为 3.7 MPa;下部岩层层理非常发育,成薄层状,层理间距为 10～150 mm,总厚度为 1.0～1.5 m,岩样抗压强度为 68.3 MPa、抗拉强度为 2.1 MPa。8407 工作面典型柱状如图 3-1(a)所示。

8406 工作面长度为 106 m,可采长度为 326 m,煤层厚度平均为 2.2 m,埋藏深度为 123～157 m,倾角为 2°～3°。$11^{-1\#}$ 煤层和 $11^{-2\#}$ 煤层层间距为 3～5 m,平均为 4.0 m,其岩性为粉、细砂岩互层。8406 工作面典型柱状如图 3-1(b)所示。

8803 工作面长度为 78 m,可采长度为 450 m,煤层厚度平均为 3.0 m,采高为 2.6 m(留 0.4 m 顶煤),埋藏深度为 147～179 m,$11^{-1\#}$ 煤层和 $11^{-2\#}$ 煤层间距离为 1.2～1.5 m,平均为 1.4 m,其岩性为粉、细砂岩互层,薄层状,泥质胶结、致密,成分以长石、石英为主。8803 工作面典型柱状如图 3-1(c)所示。

3.2.2 王村煤矿极近距离煤层开采矿压显现规律

根据实测,王村煤矿极近距离下部煤层开采工作面矿压显现主要表现在以下几个方面。

3.2.2.1 工作面顶板的初次来压及周期来压

从三个工作面的实际观测来看,当工作面推进到距开切眼 3 m 左右时,采空区顶板裂隙增多,并有局部直接顶离层现象。当工作面推进到距开切眼 10 m 左右时,采空区顶板全部冒落,以后随采随冒,冒落矸石块度不大,岩石碎胀系数在 1.1～1.2 之间。在工作面的回采过程中,没有发现初次来压和周期来压,更

柱状	厚度/m	岩性
		粉、中粒砂岩互层
	1.3	9#煤层
	23.0	灰白色,细、中粒砂岩
	5.0	粉砂岩、砂质页岩,致密,坚硬
	3.35	11-1#煤层,已采空
	3.5	粉、细砂岩互层,斜波状层理,胶结致密,坚硬
	2.5	11-2#煤层,2.20~2.70 m
		粉、细砂岩互层

(a) 8407工作面典型柱状

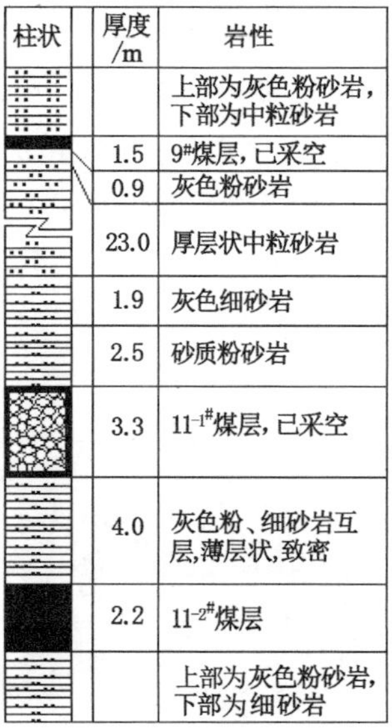

柱状	厚度/m	岩性
		上部为灰色粉砂岩,下部为中粒砂岩
	1.5	9#煤层,已采空
	0.9	灰色粉砂岩
	23.0	厚层状中粒砂岩
	1.9	灰色细砂岩
	2.5	砂质粉砂岩
	3.3	11-1#煤层,已采空
	4.0	灰色粉、细砂岩互层,薄层状,致密
	2.2	11-2#煤层
		上部为灰色粉砂岩,下部为细砂岩

(b) 8406工作面典型柱状

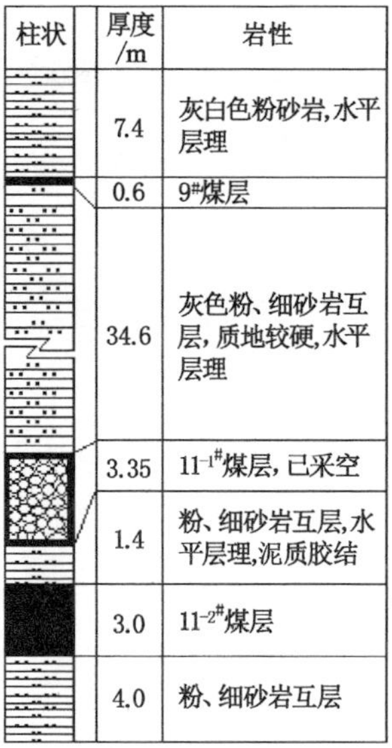

柱状	厚度/m	岩性
	7.4	灰白色粉砂岩,水平层理
	0.6	9#煤层
	34.6	灰色粉、细砂岩互层,质地较硬,水平层理
	3.35	11-1#煤层,已采空
	1.4	粉、细砂岩互层,水平层理,泥质胶结
	3.0	11-2#煤层
	4.0	粉、细砂岩互层

(c) 8803工作面典型柱状

图 3-1　王村煤矿极近距离煤层典型柱状图

没有明显的冲击动压现象。工作面煤壁没有出现大面积片帮。

3.2.2.2　工作面支架载荷

（1）支架初撑力

三个工作面均采用 ZY5000-16/27.5 型掩护式液压支架。根据实测，三个工作面平均初撑力在 2 092.4～2 400.0 kN 之间，为额定工作阻力的 41.8%～48.0%，初撑力一般分布于 2 000.0～2 584.3 kN 之间。工作面支架初撑力较低。

（2）支架工作阻力

$11^{-2\#}$ 煤层 8407、8406、8803 工作面支架载荷实测曲线如图 3-2～图 3-4 所示。

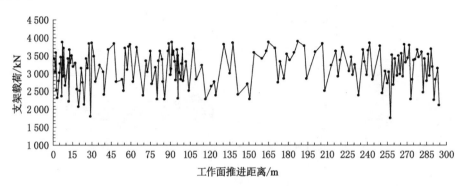

图 3-2　8407 工作面支架载荷实测曲线

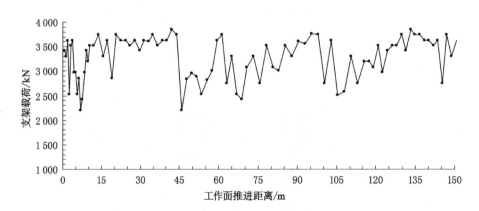

图 3-3　8406 工作面支架载荷实测曲线

通过对三个工作面的观测及数据整理和统计分析得出：

8407 工作面实测支架平均工作阻力为 3 134.8 kN，为额定工作阻力的

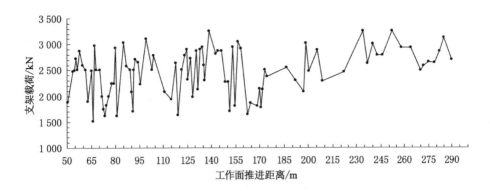

图 3-4　8803 工作面支架载荷曲线

62.7%。工作面在观测期间支架最大工作阻力为 3 900 kN,为额定工作阻力的 78.0%,工作阻力主要分布在 3 000～3 500 kN 区间(占 38.5%)。以实测阻力平均值加其一倍均方差作为顶板来压的判据,确定来压判据为 3 647.7 kN。周期来压步距最小为 7.8 m,最大为 46.7 m,平均为 26.8 m。非来压期间支架平均工作阻力为 3 085.2 kN,来压期间支架平均工作阻力为 3 547.3 kN。动载系数最大为 1.23,最小为 1.02,平均为 1.15。

　　8406 工作面实测支架平均工作阻力为 3 260.3 kN,为额定工作阻力的 65.2%。工作面在观测期间支架最大工作阻力为 3 850 kN,为额定工作阻力的 77.0%,工作阻力主要分布在 3 000～3 500 kN 区间(占 35.3%)。以实测阻力平均值加其一倍均方差作为顶板来压判据,确定来压判据为 3 687.0 kN。周来压步距最小为 15.8 m,最大为 43.0 m,平均为 29.4m。非来压期间支架平均工作阻力为 3 216.2 kN,来压期间支架平均工作阻力为 3 694.4 kN。动载系数最大为 1.18,最小为 1.11,平均为 1.15。

　　8803 工作面实测支架平均工作阻力为 2 466.0 kN,为额定工作阻力的 49.3%。观测期间支架最大工作阻力为 3 250 kN,为额定工作阻力的 65%。工作阻力主要分布在 2 000～2 500 kN 区间(占 38.7%)。以实测阻力平均值加其一倍均方差作为顶板来压判据,确定来压判据为 2 910.8 kN。周期来压步距最小为 14.0 m,最大为 44.0 m,平均为 27.25 m。非来压期间支架平均工作阻力为 2 377.8 kN,来压期间支架平均工作阻力为 2 809.5 kN。动载系数最大为 1.31,最小为 1.06,平均为 1.18。

　　三个工作面支架载荷工作状况如表 3-1 所列。

表 3-1　三个工作面支架载荷工作状况表

工作面	平均初撑力/kN	平均工作阻力/kN	最大工作阻力/kN	平均动载系数	最大动载系数
8407	2 154.0	3 134.8	3 900	1.15	1.23
8406	2 400.0	3 260.3	3 850	1.15	1.18
8803	2 092.4	2 466.0	3 250	1.18	1.31

综合三个工作面支架阻力实测结果可知:极近距离下部煤层开采,工作面支架工作阻力在整个开采过程中,增阻值变化不大,工作在低阻力状态下,压力显现不明显。如果取控顶距 4.66 m,支架宽度为 1.5 m,上覆岩层平均容重为 25 kN/m³;实测 8407 工作面支架平均维持采高 7.2 倍岩柱的重量,最大值达 8.9 倍岩柱的重量;8406 工作面支架平均维持采高 8.4 倍岩柱的重量,最大值达 10.0 倍岩柱的重量;8803 工作面支架平均维持采高 5.4 倍岩柱的重量,最大值达 7.2 倍岩柱的重量。从以上实测结果可以看出,支架所受载荷远远低于 $11^{-2\#}$ 煤层的赋存深度,说明极近距离下部煤层工作面顶板存在一定结构,支架仅承受上覆岩层部分重量。

3.2.2.3　顶板状况

(1) 端面距

端面距观测主要在 8406 和 8803 工作面进行。

8406 工作面端面距观测测得 800 多个数据,端面距小于 500 mm 的占70.7%,500~700 mm 范围占 19.7%,700~1 500 mm 范围占 9.6%。其中超过 1 000 mm 的频次为 10 次,端面距最大值为 1 500 mm。

8803 工作面端面距观测测得 200 多个数据,端面距小于或等于 300 mm 的占24.5%,大于 300 mm 且小于或等于 400 mm 范围占 30%,大于 400 mm 且小于或等于 600 mm 范围占 21.3%,大于 600 mm 且小于或等于 1 000 mm 范围占 24.2%。

(2) 顶板裂隙和漏顶情况

根据地质资料,三个工作面地质构造简单,无大的构造破碎带。顶板裂隙主要受原生裂隙、上部煤层及本工作面回采引起的次生裂隙影响。现场宏观观测发现,顶板被裂隙分割成不规则块状,顶板裂隙(裂隙长度大于 2 m)主要分为 2 组,第一组顶板裂隙的走向大多与工作面平行,并随工作面推进而发展;第二组顶板裂隙的走向大多指向采空区方向。统计分析发现,第一组平均裂隙间距为 15.6 m;第二组平均裂隙间距为 10.5 m。

8407 工作面推进至距开切眼 447.5 m 时,在工作面中部 $35^{\#}\sim55^{\#}$ 支架间,机道顶板从顶梁开始裂开,其中 $40^{\#}\sim50^{\#}$ 支架顶板破坏较为严重,之后顶板裂隙从中部向两头延伸,结果在 $18^{\#}\sim30^{\#}$ 支架、$45^{\#}\sim55^{\#}$ 支架间梁端前顶板冒落,冒落高度为 $0.7\sim0.8$ m;后来发展为 $35^{\#}\sim55^{\#}$ 支架间梁端至煤壁处顶板全部冒落,冒落高度为 $1.0\sim1.5$ m。

8406 工作面推进至距开切眼 326 m 时,在工作面中部 $29^{\#}\sim40^{\#}$ 支架间,机道顶板多处冒落,冒落高度为 $0.3\sim1.0$ m。

（3）顶板断裂线位置

通过现场观测发现,顶板断裂线位置随工作面推进速度快慢而发生变化;工作面推进速度较慢时,顶板断裂线就逐渐前移,但一般不超过支架梁端;工作面推进速度较快时,顶板断裂线有后移的趋势,顶板断裂以后都较为破碎。

根据 8803 工作面顶板断裂线位置观测数据可知:顶板断裂线在距煤壁大于或等于 1 000 mm 且小于 1 300 mm 的状态占 19.7%,在距煤壁大于或等于 1 300 mm 且小于 1 500 mm 的状态占 22.4%,在距煤壁大于或等于 1 500 mm 且小于 1 700 mm 的状态占 14.2%,在距煤壁大于或等于 1 700 mm 且小于 1 900 mm 的状态占 10.3%,在距煤壁大于或等于 1 900 mm 且小于 2 800 mm 的状态占 33.4%(见图 3-5)。

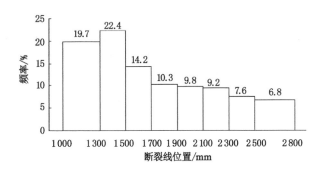

图 3-5　顶板断裂线位置频率分布直方图

（4）顶底板移近量及活柱下缩量

从观测数据看,三个工作面顶板下沉量均不大。顶板下沉速度较快的工序过程为移架前到移架后。平均下沉速度分别为 0.029 5 mm/min 和 0.018 mm/min。在循环内未测出活柱下缩量。

（5）上、下平巷采动影响

上、下平巷受本工作面的采动影响程度和影响范围较小,其超前影响范围在距煤壁 $0\sim13.5$ m 的区域内(图 3-6 所示)。实测表明,8407 工作面平巷在工作面煤壁处时,顶底板的相对移近量仅为 27 mm;8406 工作面平巷在工作面煤壁处时,顶底板的相对移近量为 33.8 mm;8803 工作面平巷在距工作面煤壁 2.8 m 时,顶底板的相对移近量为 15.6 mm。

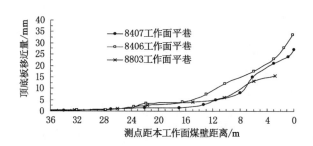

图 3-6　巷道顶底板移近量实测曲线

工作面上、下平巷超前支承压力在 105.9～117.8 kN 之间,数值上仅仅相当于单体支柱的初撑力。

3.3　四台煤矿极近距离煤层开采矿压显现规律

3.3.1　四台煤矿极近距离煤层赋存概况

同煤集团四台煤矿 11# 层 404 盘区走向长度为 1 340～1 770 m,倾斜长度为 1 180 m,主要开采 11#-12^{-1}# 合并煤层,煤层平均采深为 215 m。上部 10# 煤层与下部 11#-12^{-1}# 合并煤层层间为粉砂岩,层理、裂隙发育,稳定性差,厚度为 0～7.4 m,大部分区段厚度在 0.4～3.0 m 之间,为极近距离煤层。上部 10# 煤层平均厚度为 1.92 m,倾角为 0～8°,部分已采空。下部 11#-12^{-1}# 合并煤层平均厚度为 4.38 m,煤层倾角为 1°～6°,平均为 3°。404 盘区煤层及其顶、底板岩层综合柱状如图 3-7 所示。

上、下部煤层均采用长壁后退式开采,全部垮落法管理顶板。上部 10# 煤层于 2001 年底回采结束。2003 年 5 月开始对下部 11#-12^{-1}# 合并煤层进行回采,11# 煤层 404 盘区共布置 8421、8423、8425、8427 和 8429 五个采煤工作面。工作面选用 MGTY300/700-1.1 型采煤机、SGZ-830/630 型刮板运输机、ZZS6000/17/37A 型液压支架。工作面最大控顶距为 5.69 m。本节以 8423、8427 工作面为例,通过实测分析其矿压显现规律。

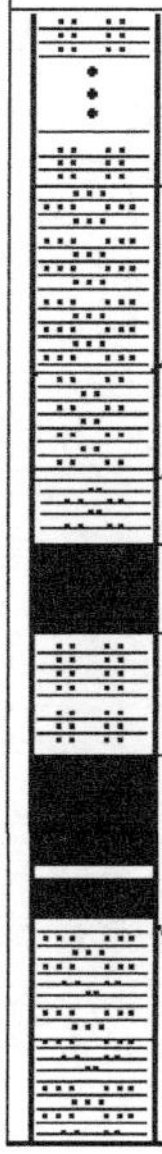

柱状图	厚度/m (最小~最大) 平均	岩石名称	岩性描述
	$\dfrac{13.8\sim24.56}{22.35}$	粉、细砂岩	灰色,以粉砂岩为主,薄层状,波状层理,含植物化石
	$\dfrac{0\sim11.15}{5.575}$	中砂岩	灰色,成分以石英长有为主,分选及磨圆度较好,泥质胶结
	$\dfrac{0\sim6.2}{3.1}$	粉砂岩	灰色、致密、块状,含植物化石
	$\dfrac{0\sim3.50}{1.75}$	细砂岩	浅灰色,水平层理,夹有煤线及植物化石
	$\dfrac{1.85\sim1.99}{1.92}$	10#煤	半暗型
	$\dfrac{0\sim7.4}{2.4}$	粉、细砂岩	灰白色,含少量暗色矿物,煤体及黄铁矿结核,胶结致密
	$\dfrac{2.92\sim4.8}{3.49}$ $\dfrac{0.11\sim0.71}{0.3}$ $\dfrac{0.5\sim0.71}{0.61}$	11#-12^{-1}#煤	中夹有粉砂岩,灰白色,胶结致密
		中砂岩	灰白色,胶结致密

图 3-7　404 盘区煤层及其顶、底板岩层综合柱状图

3.3.2　四台煤矿极近距离煤层开采矿压显现规律

3.3.2.1　8423 工作面矿压显现规律

11#煤层 8423 工作面长度为 134 m,可采长度为 1 368 m。煤层平均厚度为 4.0 m,煤层埋藏深度为 230 m。工作面 440~1 000 m 段为上覆 10#煤层采空区,即 11#煤层 8423 工作面沿推进方向分为三个阶段:10#煤层实体煤→10#煤层 8423 工作面采空区→10#煤层实体煤。在上覆采空区段煤层采高为 2.5 m(留 1.5 m 顶煤)。

上部 10#煤层平均厚度为 1.9 m。11#煤层与 10#煤层间粉砂岩层厚度为 0.4~3 m,平均厚度为 2.5 m。实测工作面在整个回采期间支架最大工作阻力和初撑力曲线如图 3-8 所示。

(1) 工作面在实体煤下矿压特征

8423 工作面在实体煤下来压情况统计见表 3-2。

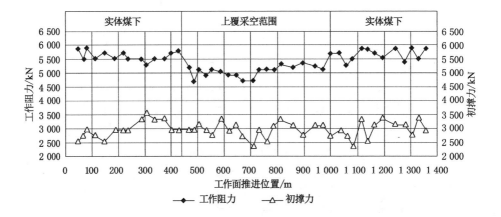

图 3-8　8423 工作面支架最大工作阻力和初撑力曲线图

表 3-2　8423 工作面在实体煤来压情况统计表

来压性质	来压距开切眼位置/m	来压步距/m	采场顶板垮落宏观描述
初次来压	48	48	尾部有 2～4 m 悬顶,采空区顶板大面积垮落,持续 2 d
周期来压 1	68	20	8#～16# 有 2 m 悬顶,其余随支架前移垮落,持续 1 d
周期来压 2	82	14	工作面尾部小悬顶,其余随支架前移垮落,持续 1 d
周期来压 3	107	25	采空区顶板随支架前移垮落,持续 1 d
周期来压 4	138	31	采空区顶板随支架前移垮落,持续 1 d

① 工作面顶板的初次来压及周期来压

工作面自开切眼开采,当工作面推进至距开切眼 20 m 时,直接顶初次垮落。主要表现为:顶板压力增大,出现煤壁片帮,垮落高度为 2～3 m。

直接顶初次垮落后,当工作面推进到距开切眼煤壁 48 m 时,上部基本顶发生第一次断裂。主要表现为:采空面积达 6 288 m²,支架仪表显示压力值后柱明显高于前柱,整架最大工作阻力达 5 887.5 kN,工作面片帮达 0.5 m,只在工作面头、尾部出现悬顶,其余部分顶板在采空区随架垮落,垮落高度为 3～5 m。工作面两巷 30 m 超前支护范围内,片帮明显增大。

周期来压步距一般为 14～38 m,平均为 21 m。周期来压显现明显,来压时,采空区顶板频繁响动,工作面支架载荷明显增大,煤壁片帮深度一般为 0.5 m 左右,支架前探梁前方煤壁顶板完整,未出现顶板断裂或台阶下沉现象。最大来压动载系数为 1.42,平均为 1.35。

② 工作面支架载荷变化特征

实测工作面支架初撑力多分布在 2 500~3 000 kN 之间,工作阻力多分布在 5 500~5 887.5 kN 之间,工作阻力平均为 5 621.2 kN,为额定工作阻力的 93.7%,工作阻力最大为 5 887.5 kN,且支架后柱增阻速度和增阻值明显大于支架前柱。实体煤下支架工作阻力频率分布直方图如图 3-9(a)所示。

(2)工作面在采空区下矿压实测规律

① 工作面顶板周期来压

由于 11# 煤层 8423 工作面直接顶不能够充满下部煤层采空区,因而上部煤层采空区已成为散体的矸石随之垮落,且垮落将向更高的层位发展。又因为上部煤层开采上覆岩层结构距下部煤层距离较远,且岩层结构的失稳首先作用在上部煤层采空区已垮落的矸石上,对工作面起到一定的缓冲作用,因此工作面来压缓和,周期来压不明显,无明显的动压现象。

从观测结果看,在采空区下 11# 煤层 8423 工作面上方岩体的活动对工作面矿压无较大影响。工作面煤壁平直。

② 顶板状况

下部煤层开采时,顶板随采随落。从工作面支架缝隙中观察到,紧随支架后端部垮落矸石块度不大,由于工作面顶板受上部煤层采动损伤的影响,裂隙发育,整体性差。

③ 工作面支架载荷

通过对工作面的观测及数据整理和统计分析,8423 工作面在采空区下初撑力多分布在 2 500~3 400 kN 之间,平均初撑力为 2 966 kN,为额定初撑力的 58%。

工作面在回采过程中支架工作阻力存在周期性波动,工作阻力多分布在 4 700~5 400 kN 之间,平均工作阻力为 5 059.7 kN,为额定工作阻力的 84%,最大值 5 495 kN,为额定工作阻力的 91%。动载系数最大为 1.08,平均为 1.03。采空区下支架工作阻力频率分布直方图如图 3-9(b)所示。

(3)工作面进出采空区矿压实测规律

① 工作面进入采空区矿压实测规律

工作面从实体煤进入采空区前 7~30 m 范围内,顶板压力增大,支架工作阻力增大,为 5 700~5 900 kN,安全阀 80% 开启。工作面及巷道片帮严重,局部破碎垮落。巷道帮鼓量为 0.2~0.3 m,底鼓量为 0.2~0.3 m,巷道维护

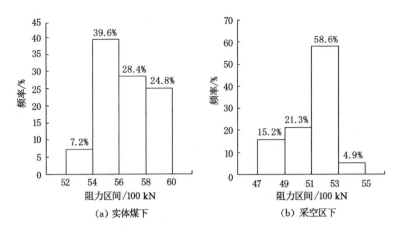

图 3-9 8423 工作面支架工作阻力频率分布直方图

困难。

工作面推入采空区前 7 m 以后,支架阻力平稳下降,支架工作阻力为 5 500~5 700 kN。煤壁片帮现象减轻。当工作面完全推进至采空区后,顶板压力减小,煤壁平直,截齿牙痕明显。

② 工作面离开采空区矿压实测规律

当工作面推出到距实体煤边界前 12 m 至实体煤后 20 m 范围内,顶板压力增大,局部破碎垮落,两巷有明显变形。现场观测表明,当工作面推出至距实体煤边界机头 10.7 m、机尾 12.5 m 时,工作面压力开始增大,17[#]~75[#] 支架片帮 0.3~0.6 m,两巷有明显变形;当工作面进入实煤区机头 20.9 m、机尾 17.1 m 后,工作面压力变化与实煤区相似。

3.3.2.2 8427 工作面矿压显现规律

8427 工作面长度为 125 m,可采长度为 1 662 m,其中工作面 148~1 306 m 段为上覆 10[#] 煤层采空区,即 11[#] 煤层 8427 工作面沿推进方向分为三个阶段:10[#] 煤层实体煤→10[#] 煤层 8427 工作面采空区→10[#] 煤层实体煤。11[#] 煤层 8427 工作面上覆 10[#] 煤层开采状况如图 3-10 所示。工作面在实体煤下采用强制放顶,初次放顶步距为 18 m,每隔 6 m 进行一次浅孔步距放顶,两平巷各打 3 个眼,眼深为 6 m,眼距为 1 m,仰角为 75°,每孔装药量为 6 kg,炮眼呈扇形布置。

10[#] 煤层 8427 工作面平均采高为 1.97 m,10[#] 煤层与 11[#]-12⁻¹[#] 合并煤层层间距为 0.6~4.8 m,平均为 1.36 m。

11[#] 煤层 8427 工作面从切巷煤壁至 200 m 处,沿 11[#] 煤层顶底开采,采高为 2.9 m;200~1 326 m 处,沿 12⁻¹[#] 煤层底板开采,采高为 3.2 m(留 0.5 m 顶煤);从

图 3-10　11# 煤层 8427 工作面上覆 10# 煤层开采状况

切巷煤壁至 1 326～1 562 m,沿 12$^{-2\#}$ 煤层底板留顶煤开采,采高为 3.4 m。

11# 煤层 8427 工作面开采期间支架平均初撑力为 3 133.7 kN,为额定初撑力的 61.4%,说明工作面支架初撑力较低。造成支架在低初撑力状态下工作的主要原因是工人操作失误和支架顶梁上有浮煤浮矸使支架接顶不严。8427 工作面支架工作阻力和初撑力分别如图 3-11 和图 3-12 所示。

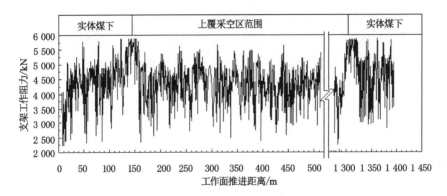

图 3-11　8427 工作面支架工作阻力曲线图

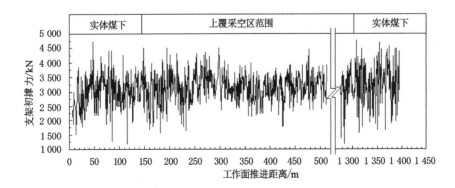

图 3-12　8427 工作面支架初撑力曲线图

（1）工作面在实体煤下矿压显现特征

在实体煤下，支架工作阻力多分布在 3 500～5 500 kN 之间，占 80.3％，如图 3-13（a）所示。支架最大工作阻力为 5 875 kN，最小工作阻力为 2 225 kN，平均为 4 364 kN。非来压期间的支架平均工作阻力为 4 266.9 kN。

① 初次来压

在实体煤下，当工作面推进至距开切眼 17.5 m 时，直接顶完全垮落。当工作面推进至距开切眼 49.2 m 时，开始大范围来压，即基本顶初次来压。其主要特征是：顶板断裂，巨响频繁，压力显现明显，煤壁片帮深度为 0.1～0.2 m 出现的频率占 30％，煤壁片帮深度为 0.3～0.4 m 出现的频率占 22％，45#～50# 支架区域机道顶板破碎。支架活柱下缩量急剧增加，一般为 30～50 mm，其间活柱压力达到 30 MPa，占 95％，43#～58# 支架安全阀开启。初次来压期间，整架平均工作阻力为 5 685 kN，为额定支架工作阻力的 94.75％。初次来压动载系数为 1.33。来压持续时间在 1 d 左右。

② 周期来压

工作面周期来压步距为 12.3～29.3 m，平均为 27.85 m。周期来压显现明显，来压期间活柱下缩量一般为 30～50 mm，煤壁片帮深度为 0.3 m 左右，支架前探梁前方顶板完整，未出现顶板断裂或台阶下沉现象。来压期间支架工作阻力平均为 5 617.25 kN，为额定支架工作阻力的 93.6％，最大工作阻力为 5 875 kN。周期来压时，动载系数平均为 1.32，最大为 1.38。

（2）工作面在采空区下矿压显现特征

在采空区下，工作面顶板压力较小，支架工作阻力多分布在 3 500～5 500 kN 之间，占 86.3％，如图 3-13（b）所示。8427 工作面支架平均工作阻力为 4 305 kN，非来压期间的支架平均工作阻力为 4 154 kN。

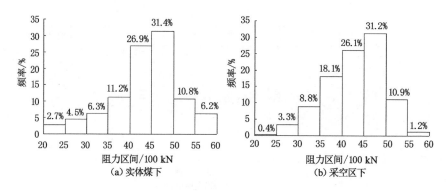

图 3-13 8427 工作面支架工作阻力频率分布直方图

在采空区下,周期来压步距最小为 13 m,最大为 36 m,平均为 27.5 m,来压不明显,煤壁平直,截齿牙痕明显,局部顶板破碎,支架安全阀很少开启;来压期间,支架平均工作阻力为 5 204 kN,最大工作阻力为 5 677 kN。来压动载系数平均为1.05,最大为 1.145。8427 工作面在实体煤下和采空区下回采时,来压主要特征对比见表 3-3。

表 3-3　8427 工作面来压主要特征对比表

工作面位置		来压步距/m	平均工作阻力/kN	最大工作阻力/kN	平均动载系数	最大动载系数
实体煤下	初次来压	49.20	5 685	5 895	1.33	1.380
	周期来压	27.85	5 617	5 875	1.32	1.380
采空区下	周期来压	27.50	5 204	5 677	1.05	1.145

（3）工作面进出采空区矿压显现特征

工作面在进入采空区前 16 m 至进入采空区后 9 m 范围内,工作面顶板压力显现强烈,顶板岩石断裂巨响频繁,顶板破碎、局部冒落。在此区间,煤壁片帮深度为 0.4～1.0 m,支架最大工作阻力达 5 887 kN,平均 5 385 kN,支架安全阀80%开启。平均动载系数为 1.26。

工作面出采空区前 8 m 至出采空区 17.2 m 范围内,顶板岩石断裂巨响频繁,局部顶板破碎、冒落。支架最大工作阻力达 5 910 kN,平均为 5 437 kN,支架安全阀83%开启。平均动载系数为 1.34。

工作面进出采空区期间头、尾端头巷道超前片帮严重,片帮深度达 0.5～1.0 m,顶板下沉 0.4 m,底鼓 0.5 m。

3.4　下部煤层开采工作面围岩应力分布规律数值模拟

数值模拟是最近几十年随着计算机技术的发展而发展起来的快捷、方便的研究方法。煤矿开采是一个复杂的力学过程,就岩层而言,它是一种非线性材料,其岩性组成、厚度分层组合情况,特别是节理裂隙发育特征,都不同程度影响其力学表现。目前尚不可能完全真实地模拟采场围岩应力分布规律。事实上,关于岩石的本构关系问题目前尚未取得突破性进展,没有公认的成果可以利用。因此,数值模拟只能在现有研究成果的基础上,经简化,忽略一些次要因素,研究主要因素之间的相互关系,一般只能得到定性的结论,但通过现场实测数据进行检验和修正后仍可用于指导生产实践。本节结合大同矿区实际条件,采用数值模拟方法进一步分析上部煤层开采后,下部煤层距上部已开采煤层不同层间距时工作面围岩应力分布规律。

数值模拟中煤岩层赋存以四台煤矿 404 盘区条件(图 3-7)为例,上、下部煤层采高均取 3 m。采用非线性有限元数值计算方法主要分析上部煤层开采时围岩应力分布规律;上部煤层开采后下部煤层距上部煤层不同层间距(取 0.8 m、1.5 m、3.0 m、4.0 m、5.0 m、6.0 m)条件下围岩应力分布。

上部煤层采空区顶板的垮落带高度 $\sum h$ 按下式计算:

$$\sum h = \frac{M}{k_\mathrm{p} - 1} \tag{3-1}$$

式中　M——煤层采高,m;

　　　k_p—— 顶板碎胀系数,取 1.25。

模型的煤层及岩层物理力学参数如表 3-4 所列。采空区垮落矸石随着工作面推进在覆岩作用下逐步被压实,其密度 ρ(单位为 kg/m³)、弹性模量 E(单位为 MPa)和泊松比 μ 参考已有文献研究成果[141]确定为:

$$\rho = 1600 + 800 \times (1 - \mathrm{e}^{-1.25t}) \tag{3-2}$$

$$E = 15 + 175 \times (1 - \mathrm{e}^{-1.25t}) \tag{3-3}$$

$$\mu = 0.05 + 0.2 \times (1 - \mathrm{e}^{-1.25t}) \tag{3-4}$$

式中　t——时间,取 $t = 2.4$ a。

表 3-4　煤层及岩层物理力学参数

名　称	弹性模量 /GPa	泊松比	单轴抗压强度/MPa	单轴抗拉强度/MPa	黏聚力 /MPa	内摩擦角 /(°)	容重 /(kN/m³)
中砂岩	22.1	0.17	99.9	10.6	13.0	30.0	25.0
粉砂岩	20.9	0.36	108.3	7.7	12.1	26.9	25.0
细砂岩	16.8	0.21	98.2	10.6	14.9	26.6	25.8
煤　层	4.2	0.32	26.0	2.6	5.1	29.5	12.2

支架顶梁长度取 4.95 m,端面距取 0.8 m,支架的工作阻力取 5 000 kN。

计算采用德鲁克-普拉格(Drucker-Prager)塑性准则。上部煤层开采和下部煤层在上部煤层采出后距上部煤层不同层间距的条件下围岩应力分布数值计算分析结果见图 3-14、图 3-15 和表 3-5。

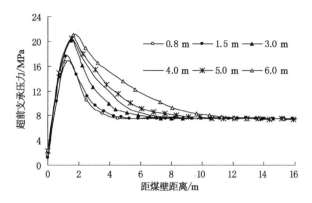

图 3-14　下部煤层开采不同层间距工作面超前支承压力分布曲线

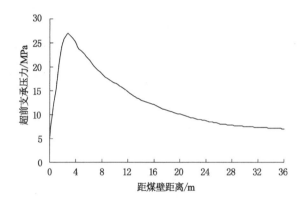

图 3-15　上部煤层开采工作面超前支承压力分布曲线

表 3-5　上部煤层和极近距离下部煤层开采不同层间距工作面超前支承压力分布

煤层层间距/m	超前支承压力影响范围/m	峰值位置/m	峰值点应力集中系数
0.8	4.55	1.16	2.22
1.5	5.27	1.17	2.34
3.0	6.56	1.46	2.68
4.0	8.56	1.49	2.71
5.0	10.60	1.52	2.74
6.0	12.06	1.61	2.80
上部煤层开采	30.45	2.81	3.60

从图 3-14、图 3-15 和表 3-5 可以看出：

（1）上部煤层开采时在工作面前方形成超前支承压力，支承压力影响范围为 30.45 m,峰值位置距煤壁前方 2.81 m 处,应力集中系数为 3.6。

(2)下部煤层开采工作面超前支承压力的影响范围、影响程度及其峰值位置随层间距增大而增大。当距上部已采煤层间距为 0.8 m 时,下部煤层开采超前支承压力影响范围仅为 4.55 m,峰值位于煤壁前方 1.16 m 处,应力集中系数为 2.2;当层间距为 6 m 时,超前支承压力影响范围为 12.06 m 左右,峰值位于煤壁前方 1.61 m 处,应力集中系数为 2.80。

(3)同上部煤层开采相比,下部煤层开采时工作面超前支承压力的影响程度和范围明显减弱。超前支承压力减小 22.2%～38.3%,影响范围减小 60.4%～85.0%。

3.5　本章小结

本章通过对同煤集团王村煤矿和四台煤矿极近距离下部煤层开采的现场实测并结合数值模拟分析,研究了极近距离下部煤层开采工作面矿压显现的基本规律。得出以下主要结论:

(1)极近距离下部煤层开采,由于工作面顶板受上部煤层采动损伤的影响,裂隙发育,整体性差,易出现机道漏顶事故,不易管理。支架顶梁前部为裂隙体的直接顶,以块体结构承受着上部载荷,掩护梁承受直接顶已垮落岩石以散体介质传递的载荷。

(2)当上部煤层采用长壁全部垮落法开采后,下部煤层回采时,工作面支架工作阻力在整个开采过程中相对较小,增阻值变化不大,无明显周期来压现象。

(3)当上部煤层采用长壁全部垮落法开采后,下部煤层回采时,同单一煤层开采相比,下部煤层开采时工作面超前支承压力的影响程度和范围明显减弱。超前支承压力减小 22.2%～38.3%,影响范围减小 60.4%～85.0%。

(4)当上部煤层采用长壁全部垮落法开采后,下部煤层回采时,极近距离下部煤层开采工作面超前支承压力的影响范围、影响程度及其峰值位置随层间距的增大而增大。

第 4 章　极近距离下部煤层采场覆岩结构及其稳定性分析

4.1　概述

矿山压力显现是矿山压力作用下围岩运动的具体表现,其基本形式包括围岩的明显运动与支架受力两个方面,采煤工作面的矿山压力显现主要取决于采煤工作面所处的围岩和开采条件。深入细致地分析围岩的稳定条件,找到促使其运动与破坏的主动力,以及由此可能引起的破坏、失稳形式,并以此为基础创造条件,把矿山压力显现控制在合理的范围,是矿山压力控制的根本目的。综采技术的关键之一就是采场围岩控制技术,采场围岩能否得到成功控制是综采工作面生产能否正常进行的前提。

就极近距离下部煤层开采而言,其顶板的特点是受到上部煤层采动影响,多为裂隙块体结构,之上又为上部煤层开采后垮落的矸石,承载能力将大大降低。因此,极近距离煤层开采的顶板结构和开采边界条件与普通单一煤层开采相比,具有明显的区别。探讨极近距离下部煤层顶板结构形式,确定其有效的控制方法,是实现极近距离煤层安全开采的必然要求。本章在第 2 章和第 3 章研究的基础上,分析极近距离下部煤层开采时的顶板结构特点,确定其开采边界条件,以此建立极近距离下部煤层开采时的顶板结构模型,并对顶板结构进行稳定性分析;从理论上研究极近距离下部煤层工作面支架载荷的确定方法。研究结果为下部煤层开采顶板控制奠定理论基础。

4.2　极近距离下部煤层采场上覆岩层结构特征

就极近距离煤层群开采而言,当在已采完工作面的下部煤层中进行回采时,其顶板的特点是直接顶较薄,受到上部煤层采动影响,多为裂隙块体结构;直接顶之上又为上部煤层开采后垮落的散体岩石。可见,极近距离煤层开采顶板结构和开采边界条件与普通单一煤层开采相比,具有明显的区别。在煤层开采过程中,顶板承载能力将大大降低,顶板极易产生漏、冒,形成大范围空顶,造成垮面,开采难度极大,对工作面的安全开采构成极大威胁。

根据以上特点,当上部煤层采用长壁全部垮落法开采后,极近距离下部煤层开采时顶板结构可视为块体-散体结构,此时工作面的上部开采边界可视为散体边界条件。从而建立块体-散体结构模型(见图 4-1)。

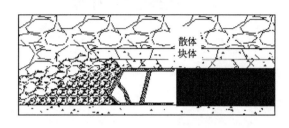

图 4-1 块体-散体结构模型

结合第 3 章研究结果,这类工作面开采过程中的矿压显现具有以下特点:

① 无明显来压现象;

② 煤壁前方难以形成较高的支承压力;

③ 端面顶板失稳冒落后,很容易与采空区沟通,形成较大的冒顶事故,在直接顶(块体结构)总厚度较薄时,更是如此;

④ 直接顶所受的为静载荷,其大小与上部煤层开采时形成的垮落带高度有关。

根据这类工作面矿压显现的特点,其下位直接顶岩层可视为由裂隙分割成的块体所组成(如图 4-2 所示的情况),即只有少部分出露的如图中的 A 块体,大部分出露的如图中的 B 块体,完全出露的如图中的 C 块体。顶板中常见的 C 块体结构主要有平行块体和楔形块体两种结构形式(图 4-3),其中图 4-3(a)所示的平行块体由三对互相平行的结构面(包括临空面)切割而成,图 4-3(b)所示的楔形块体由两组结构面(P_2、P_3)、一对互相平行的结构面(P_4)以及临空面(P_1)切割而成。顶板的失稳破坏是块体在各种载荷作用下的脱落失稳或沿着裂隙面产生的剪切滑移失稳所致。可见极近距离下部煤层开采时,下位裂隙顶板结构与块体理论的基本假定[142]颇为一致,即可运用块体理论对顶板进行稳定性的分析。

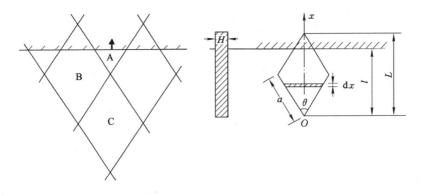

a—块体的边长；θ—块体两边夹角；l—块体沿 x 轴出露的长度；

L—块体沿 x 轴线的长度；H—块体的厚度。

图 4-2　工作面端面的顶板块体结构模型

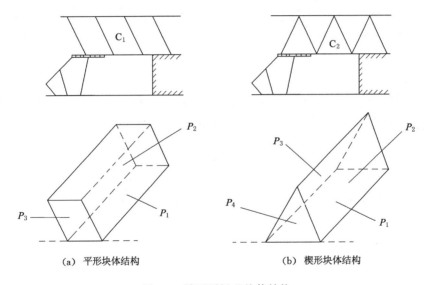

（a）平形块体结构　　　　　　　　（b）楔形块体结构

图 4-3　端面顶板 C 块体结构

4.3　极近距离下部煤层顶板结构稳定性分析

4.3.1　顶板块体可动性的赤平投影判别

两种块体结构面和临空面的产状列于表 4-1 中。

表 4-1　块体结构面产状

平行块体结构面产状	结构面	倾角 α/(°)	倾向 β/(°)	楔形块体结构面产状	结构面	倾角 α/(°)	倾向 β/(°)
	P_1	0	0		P_1	0	0
	P_2	60.6	128		P_2	60	70
	P_3	62.0	15		P_3	60	250
					P_4	80	0

选择参照圆半径 R 并绘出参照圆,赤平投影图直角坐标系以参照圆心为圆点,正东为 x 轴,正北为 y 轴,则各结构面或临空面的投影参数可由下式计算:

$$\begin{cases} r = R/\cos \alpha \\ C_x = R\tan \alpha \sin \beta \\ C_y = R\tan \alpha \cos \beta \end{cases} \tag{4-1}$$

式中　r——结构面或临空面的投影圆半径;

　　　C_x,C_y——投影圆圆心坐标;

　　　R——参照圆半径;

　　　α——结构面或临空面的倾角;

　　　β——结构面或临空面的倾向。

取参照圆的半径 $R=2$ cm,根据式(4-1)计算的结果,绘制的工作面顶板块体的赤平投影如图 4-4 所示。由于临空面的倾角为 0°,故其与参照圆重合。

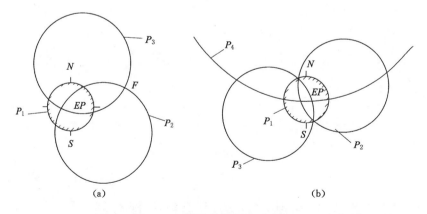

图 4-4　顶板块体的赤平投影图

分析中,采用 U_i 和 L_i 分别表示结构面 i 的上盘和下盘,上盘由赤平投影大圆的内域表示,下盘由大圆的外域表示。

U_1 为临空面(EP),$L_1U_2L_2U_3L_3$ 构成裂隙锥(JP),由于 P_2、P_3 为两对互

相平行的结构面,因此,该裂隙锥同时位于两对互相平行结构面的上盘和下盘。既是 P_2 上盘又是 P_2 下盘的是 P_2 投影大圆的圆弧段,既是 P_3 上盘又是 P_3 下盘的是 P_3 投影大圆的圆弧段。这样,裂隙锥$(JP)L_1U_2L_2U_3L_3$ 实际为赤平投影圆上的一点 F,即 $JP\neq\varnothing$;同时,该 JP 和 EP 无公共域,即 $JP\bigcap EP=\varnothing$。由块体的可动性定理可以判断,图 4-3(a)中的块体 C_1 有限且可动。

同理,可以证明图 4-2(b)中的块体 C_2 有限且可动。

4.3.2　端面顶板 C 块体的稳定性分析

上节运用赤平投影方法证明了图 4-3 中端面顶板 C 块体是有限且可动的。本节运用块体力学分析方法,对 C 块体稳定性做进一步研究。

4.3.2.1　力的平衡方程

如图 4-5 所示,作用于可动块体上的力有以下几种:

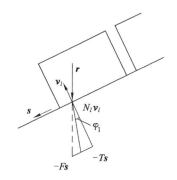

图 4-5　作用于可动块体上的力

① 主动力合力 r,即由块体自重及其载荷组成。

② 滑动面上的法向反作用力 N:

$$N = \sum_l N_l\boldsymbol{v}_l \tag{4-2}$$

式中　N_l——作用于滑动面 l 上的法向反作用力(假定结构面不具有抗拉强度,即 $N_l\geqslant0$);

　　　$\boldsymbol{v}_l$——结构面 l 指向块体内部的单位法线矢量。

③ 滑动面上的切向摩擦阻力 T(假定不计结构面的咬合力):

$$T = \sum_l N_l\tan\varphi_l\boldsymbol{s} \tag{4-3}$$

式中　φ_l——结构面的内摩擦角;

　　　$\boldsymbol{s}$——块体的运动方向。

④ 为了便于分析运算,在滑动面上虚设切向力 F,表示"净滑动力"。这样就可以建立起作用于可动块体上的平衡方程:

$$r + \sum_l N_l v_l - (T + F)s = 0 \tag{4-4}$$

即

$$Fs = r + \sum_l N_l v_l - Ts \tag{4-5}$$

若 $F>0$,即净滑动力为正值,则该可动块体为关键块体;若 $F<0$,说明滑动面上切向下滑力小于摩擦阻力,块体处于平衡状态。

4.3.2.2 顶板平行块体稳定性分析

设图 4-6 的顶板块体 $P_1P_2P_3P_4 \ P_5P_6$ 处于平衡状态,并设顶板周边附近的围岩受水平载荷 q_x 和竖向载荷 q_y 的作用,由这些力必然在每一个面上产生一水平方向的合力 X_i 和竖直方向的合力 Y_i,如图 4-6 所示。

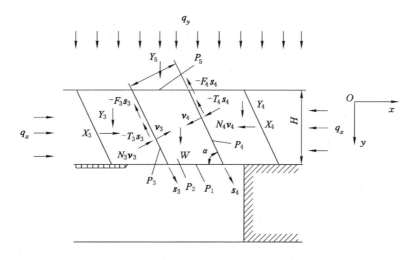

图 4-6　顶板六面体块体受力分析图

设顶板六面体块体只在自重 W 和垂直应力 Y_5 的作用下处于极限平衡状态,则有:

$$\begin{cases} N_3 = (W + Y_5)\cos\alpha \\ T_3 = N_3\tan\varphi_l \\ T_3 = (W + Y_5)\sin\alpha \end{cases} \tag{4-6}$$

式中　φ_l——结构面的内摩擦角;

α——裂隙面的倾角;

W——岩块的重力;

Y_5——由于 q_y 而产生的作用于 P_5 面上的合力。

由式(4-6)可得：

$$\alpha = \varphi_l \tag{4-7}$$

由式(4-6)和式(4-7)分析可知，当 $\alpha \leqslant \varphi_l$ 时，块体将不会滑动而处于稳定状态；只有当 $\alpha > \varphi_l$ 时，块体才会出现滑动的可能。

故以下的讨论是在 $\alpha > \varphi_l$ 的条件下进行的。

块体的平衡状态方程为：

$$\boldsymbol{r} + N_3 \boldsymbol{v}_3 + N_4 \boldsymbol{v}_4 - T_3 \boldsymbol{s}_3 - T_4 \boldsymbol{s}_4 - F_3 \boldsymbol{s}_3 - F_4 \boldsymbol{s}_4 = 0 \tag{4-8}$$

式中：$\boldsymbol{v}_3 = (\sin \alpha, -\cos \alpha)$；$\boldsymbol{v}_4 = (-\sin \alpha, \cos \alpha)$；$\boldsymbol{s}_3 = \boldsymbol{s}_4 = \boldsymbol{s} = (\cos \alpha, \sin \alpha)$；$T_3 = N_3 \tan \varphi_l$；$T_4 = N_4 \tan \varphi_l$；$\boldsymbol{r} = (0, Y_5 + W)$。

则式(4-5)可以写成：

$$\begin{aligned}
\boldsymbol{Fs} &= F_3 \boldsymbol{s}_3 + F_4 \boldsymbol{s}_4 = \boldsymbol{r} + N_3 \boldsymbol{v}_3 + N_4 \boldsymbol{v}_4 - T_3 \boldsymbol{s}_3 - T_4 \boldsymbol{s}_4 \\
&= (0, Y_5 + W) + N_3 (\sin \alpha, -\cos \alpha) + N_4 (-\sin \alpha, \cos \alpha) - \\
&\quad (N_3 + N_4) \tan \varphi_l (\cos \alpha, \sin \alpha)
\end{aligned} \tag{4-9}$$

由 P_3 面可知：

$$\begin{cases} -T_3 \cos \alpha + N_3 \sin \alpha = X_3 \\ T_3 = N_3 \tan \varphi_l \end{cases} \tag{4-10}$$

即

$$\begin{cases} N_3 = \dfrac{X_3 \cos \varphi_l}{\sin(\alpha - \varphi_l)} \\ T_3 = \dfrac{X_3 \sin \varphi_l}{\sin(\alpha - \varphi_l)} \end{cases} \tag{4-11}$$

由 P_4 可知：

$$\begin{cases} -T_4 \cos \alpha - N_4 \sin \alpha = -X_4 \\ T_4 = N_4 \tan \varphi_l \end{cases} \tag{4-12}$$

即

$$\begin{cases} N_4 = \dfrac{X_4 \cos \varphi_l}{\sin(\alpha + \varphi_l)} \\ T_4 = \dfrac{X_4 \sin \varphi_l}{\sin(\alpha + \varphi_l)} \end{cases} \tag{4-13}$$

由式(4-9)、式(4-11)、式(4-13)可得下滑力 F：

$$\begin{aligned}
F &= \boldsymbol{rs} - T_3 - T_4 \\
&= (Y_5 + W) \sin \alpha - \frac{X_3 \sin \varphi_l}{\sin(\alpha - \varphi_l)} - \frac{X_4 \sin \varphi_l}{\sin(\alpha + \varphi_l)}
\end{aligned} \tag{4-14}$$

Y_5 是由竖向载荷 q_y 而产生的作用于 P_5 面上的合力，即 $Y_5 = f(q_y)$，故可令

$Y = Y_5 = f(q_y)$；而 X_3、X_4 是由水平载荷 q_x 产生的分别作用于 P_3、P_4 面上的合力，且在水平方向上块体处于平衡状态，所以 $X = X_3 = X_4 = f(q_x)$。

则式(4-14)可以写成：

$$F = [f(q_y) + W] \sin \alpha - 2f(q_x) \frac{\cos \varphi_l \sin^2 \alpha}{\sin(\alpha - \varphi_l) \sin(\alpha + \varphi_l)} \quad (4-15)$$

设裂隙面之间的距离为 I，层面之间的距离为 H'，并设块体为单位宽度，则块体自重 W 为：

$$W = \gamma V = \gamma I H' \sin \alpha \quad (4-16)$$

式中 γ——岩块的容重。

则块体所受的水平力 X、垂直力 Y 分别为：

$$\begin{cases} X = f(q_x) = q_x H' \\ Y = f(q_y) = q_y I \end{cases} \quad (4-17)$$

故式(4-15)又可写为：

$$F = q_y I \sin \alpha + \gamma H' I \sin^2 \alpha - 2q_x H' \frac{\cos \varphi_l \sin^2 \alpha}{\sin(\alpha - \varphi_l) \sin(\alpha + \varphi_l)} \quad (4-18)$$

令 $F > 0$，则可得到这种顶板六面体块体在 $\alpha > \varphi_l$ 条件下的失稳判据为：

$$q_y I \sin \alpha + \gamma H' I \sin^2 \alpha - 2q_x H' \frac{\cos \varphi_l \sin^2 \alpha}{\sin(\alpha - \varphi_l) \sin(\alpha + \varphi_l)} > 0 \quad (4-19)$$

4.3.2.3 顶板楔形块体稳定性分析

设图 4-7 中的顶板块体 $P_1 P_2 P_3 P_4 P_5$ 处于平衡状态，并设顶板周边附近的围岩受水平载荷 q_x 和竖向载荷 q_y 的作用，这些力必然在每一个面上产生一水平方向的合力 X_i 和竖直方向的合力 Y_i。

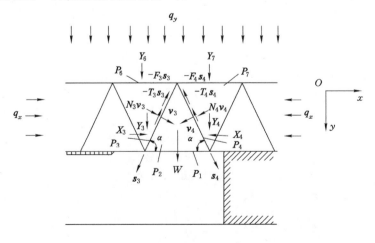

图 4-7 顶板楔形块体受力分析图

假设此顶板楔形块体处于极限平衡状态,则由平衡条件可知:

$$2N\cos\alpha - 2N\tan\varphi_l\sin\alpha + W = 0 \qquad (4\text{-}20)$$

即楔形块体的 P_3、P_4 面上所受的正压力为:

$$N = \frac{-W\cos\varphi_l}{2\cos(\alpha+\varphi_l)} \qquad (4\text{-}21)$$

若 $\cos(\alpha+\varphi_l)\to 0$,则 $N\to\infty$。这说明楔形块体能够保持平衡的条件是 $\alpha >$ $90°-\varphi_l$;当 $\alpha\leqslant 90°-\varphi_l$ 时,不管围岩体处于什么样的应力状态,块体都将不能保持稳定。

故以下分析都是在 $\alpha > 90°-\varphi_l$ 的条件下进行的。

在 $\alpha > 90°-\varphi_l$ 的条件下,块体的平衡状态方程见式(4-8)。

其中:

$$\begin{cases} N_3 = N_4 = N \\ T_3 = T_4 = N\tan\varphi_l \\ \boldsymbol{v}_3 = (\sin\alpha, \cos\alpha) \\ \boldsymbol{v}_4 = (-\sin\alpha, \cos\alpha) \\ \boldsymbol{s}_3 = (-\cos\alpha, \sin\alpha) \\ \boldsymbol{s}_4 = (\cos\alpha, \sin\alpha) \\ \boldsymbol{r} = (0, W) \end{cases} \qquad (4\text{-}22)$$

则式(4-8)又可以写为:

$$\begin{aligned} \boldsymbol{Fs} &= F_3\boldsymbol{s}_3 + F_4\boldsymbol{s}_4 = \boldsymbol{r} + N_3\boldsymbol{v}_3 + N_4\boldsymbol{v}_4 - T_3\boldsymbol{s}_3 - T_4\boldsymbol{s}_4 \\ &= \boldsymbol{r} + N(\boldsymbol{v}_3 + \boldsymbol{v}_4) - N\tan\varphi_l(\boldsymbol{s}_3 + \boldsymbol{s}_4) \\ &= (0, W) + N(0, 2\cos\alpha) - N\tan\varphi_l(0, 2\sin\alpha) \end{aligned} \qquad (4\text{-}23)$$

因此:

$$F = W + 2N\cos\alpha - 2N\sin\alpha\tan\varphi_l \qquad (4\text{-}24)$$

由 P_3 面可知:

$$\begin{cases} N_3\sin\alpha + T_3\cos\alpha = X_3 \\ T_3 = N_3\tan\varphi_l \end{cases} \qquad (4\text{-}25)$$

即:

$$\begin{cases} N_3 = \dfrac{X_3\cos\varphi_l}{\sin(\alpha+\varphi_l)} \\ T_3 = \dfrac{X_3\sin\varphi_l}{\sin(\alpha+\varphi_l)} \end{cases} \qquad (4\text{-}26)$$

所以:

$$\begin{cases} N = N_3 = \dfrac{X\cos\varphi_l}{\sin(\alpha + \varphi_l)} \\[3mm] T = T_3 = \dfrac{X\sin\varphi_l}{\sin(\alpha + \varphi_l)} \end{cases} \tag{4-27}$$

式中，$X = X_3$ 是由水平载荷 q_x 引起的，记 $X = f(q_x)$。

将式(4-27)代入式(4-24)可得：

$$F = W + 2f(q_x)\tan^{-1}(\alpha + \varphi_l) \tag{4-28}$$

设两组裂隙面之间的间距为 I，并设块体为单位厚度，则块体的重力 W 为：

$$W = \gamma V = \gamma I^2 / (4\sin 2\alpha) \tag{4-29}$$

式中 γ——岩块的容重。

则块体所受的 X 力为：

$$X = f(q_x) = q_x I / (2\cos\alpha) \tag{4-30}$$

所以式(4-28)又可以写为：

$$F = \gamma\frac{I^2}{4\sin 2\alpha} + \frac{1}{\tan(\alpha + \varphi_l)\cos\alpha} I q_x \tag{4-31}$$

令 $F > 0$，则可得到这种顶板楔形块体在 $\alpha > 90° - \varphi_l$ 条件下的失稳判据为：

$$\gamma\frac{I^2}{4\sin 2\alpha} + \frac{1}{\tan(\alpha + \varphi_l)\cos\alpha} I q_x > 0 \tag{4-32}$$

4.3.3 端面顶板 A、B 块体的稳定性分析

根据块体理论，C 块体为有限可动块体。从结构失稳的角度出发，下部煤层开采顶板结构失稳应首先发生于 C 块体。当 C 块体失稳，丧失承载能力，原来由 C 块体所承受的载荷，自然会转移到 A、B 块体之上，使原本不可能产生断裂的 A、B 块体，在新的载荷集度下可能产生破断，进而引起连锁反应，造成整个结构的失稳，形成严重的端面垮落。

由于 A、B 为被"挟持"的岩块，因此可用图 4-2 所示的力学模型来分析其破断的条件。为了计算的方便，从最不利条件考虑。假设："挟持"块体 A、B 与自由块体 C 之间的黏结力为 0。

根据模型可计算出 A 块体($x \leqslant L/2$)和 B 块体($x > L/2$)任意横截面上的剪切力 $Q(x)$ 为：

$$Q(x) = \begin{cases} q_y x^2 \tan\dfrac{\theta}{2}, & x \leqslant L/2 \\[3mm] q_y x^2 \tan\dfrac{\theta}{2} - 2q_y\left(x - a\cos\dfrac{\theta}{2}\right)^2 \tan\dfrac{\theta}{2}, & x > L/2 \end{cases} \tag{4-33}$$

式中 q_y——块体载荷；

x——从坐标原点到截面的距离；

a——块体的边长；

θ——块体两边夹角；

L——块体沿 x 轴线的长度。

根据 $M(x) = \int Q(x)\mathrm{d}x$，可求出任意截面上的弯矩为：

$$M(x) = \begin{cases} \dfrac{1}{3}q_y x^3 \tan\dfrac{\theta}{2}, & x \leqslant L/2 \\[3mm] \dfrac{1}{3}q_y x^3 \tan\dfrac{\theta}{2} - \dfrac{2}{3}q_y\left(x - a\cos\dfrac{\theta}{2}\right)^3 \tan\dfrac{\theta}{2}, & x > L/2 \end{cases} \tag{4-34}$$

块体任意截面的最大拉应力 $\sigma(x)_{\max}$ 为：

$$\sigma(x)_{\max} = \dfrac{M(x)\dfrac{H}{2}}{J_z} = \begin{cases} \dfrac{x^2}{H}q_y, & x \leqslant L/2 \\[3mm] \dfrac{x^3 - 2\left(x - a\cos\dfrac{\theta}{2}\right)^3}{2a\cos\dfrac{\theta}{2} - x}\dfrac{q_y}{H^2}, & x > L/2 \end{cases} \tag{4-35}$$

式中　H——块体厚度。

当最大拉应力等于岩块的抗拉强度（σ_t），即 $\sigma(x)_{\max} = \sigma_t$ 时，岩块将产生断裂。

由式（4-35）可知，A 岩块断裂的主要影响因素与其上方载荷 q_y、块体抗拉强度 σ_t、岩块的厚度 H，以及出露端长度 x 有关，而与岩块的边长 a 和出露部分两边的夹角 θ 无关。而 B 岩块断裂的主要影响因素不仅与 q_y、σ_t、H、x 有关，同时还与 a、θ 有关。这样就可根据 H、x、σ_t、a 和 θ 计算出块体破断时所需的载荷集度 q_y 为：

$$q_y = \begin{cases} \dfrac{\sigma_t H^2}{x^2}, & x \leqslant L/2 \\[3mm] \dfrac{\sigma_t H^2\left(2a\cos\dfrac{\theta}{2} - x\right)}{x^3 - 2\left(x - a\cos\dfrac{\theta}{2}\right)^3}, & x > L/2 \end{cases} \tag{4-36}$$

根据以上对两类块体破断条件进行分析可以看出，A 块体断破时所需载荷较大，只有具有较小的 H、较大的 x 时，才有可能产生破断，否则是较稳定的块体。B 块体破断时所需的载荷要小得多，因此 B 块体在端面产生破断的可能性较大。当破断成为 C 块体后，则会随着端面顶板的下沉、不连续面的张开可能产生滑移，从而完全丧失承载能力。原来由 B 块体所承受的载荷，自然会转移到 A 块体之上，使原本不可能产生断裂的 A 块体，在新的载荷集度下产生破断，进而引起连锁反应造成顶板冒落。

4.4 采场支架受力分析

4.4.1 顶梁受力分析

支架支护阻力的确定是采场围岩控制的重要内容之一。合理工作阻力的确定应以维持顶板岩层稳定为基础,同时防止采空区垮落的矸石涌入回采空间,以保证采场足够的工作空间,满足正常安全、高效生产的要求。由 4.2 节"极近距下部煤层采场上覆岩层结构特征"可知,采场支架支护的直接对象是受到上部煤层采动损伤影响的裂隙块体岩层及上部煤层开采后垮落的松散矸石。支架主要受两个方面力的作用:一是顶梁受块体作用的载荷;二是掩护梁受松散介质作用的载荷。此时的支架-围岩相互作用状态属于给定载荷的状态。

极近距离下部煤层开采采场顶板块体上方垮落矸石呈压力拱结构,块体上方松散矸石传递下来的载荷即为拱内矸石重量。图 4-8 为松散矸石拱的极限平衡状态图,其中,q 为拱上部载荷,T 为拱顶水平推力,F 为拱脚处矸石限制拱外移所产生的摩擦力。根据压力拱理论,散体材料的压力拱内不应当有拉应力,所以对 OA 弧段内任何点 B 的力矩应等于零,即 $\sum M_{\mathrm{B}} = 0$,则有:

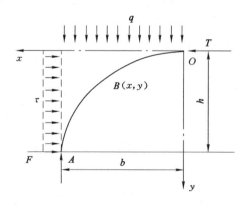

图 4-8 松散矸石拱的极限平衡状态图

$$\sum M_{\mathrm{B}} = Ty - \frac{qx^2}{2} = 0$$

即:

$$y = \frac{qx^2}{2T} \tag{4-37}$$

从式(4-37)可知,自然平衡拱是抛物线形状。为了使拱的稳定性有富余系数,取:

$$T = fqb - \tau h \tag{4-38}$$

式中　f——坚固性系数;

　　　b——$\frac{1}{2}$拱的跨距;

　　　τ——考虑拱稳定性富余系数的附加剪切强度;

　　　h——拱高。

当 $x=b$、$y=h$ 时,由式(4-37)和式(4-38)得拱高:

$$h = \frac{qb^2}{2(fqb - \tau h)} \tag{4-39}$$

进一步整理得:

$$\tau = \frac{2fqbh - qb^2}{2h^2} \tag{4-40}$$

显然,这个函数有最大值,令其一阶导数等于零,即$\frac{\partial \tau}{\partial h}=0$,得到:

$$h = \frac{b}{f} \tag{4-41}$$

设 L_c 为工作面的控顶距离,拱底宽度可近似为:

$$2b = L_c \tag{4-42}$$

由式(4-41)和式(4-42)得拱高为:

$$h = \frac{L_c}{2f} \tag{4-43}$$

近似处理为拱高为 h 的矩形均布载荷,于是求得作用在工作面上方块体结构上的竖向载荷集度 q_y 为:

$$q_y = \frac{L_c \gamma}{2f} \tag{4-44}$$

式中　γ——拱矸石平均容重。

块体结构上的水平载荷集度 q_x 为:

$$q_x = \left(\frac{L_c \gamma}{2f} + \frac{1}{2}\gamma H \right) \tan^2(\pi/4 - \varphi/2) \tag{4-45}$$

式(4-44)和式(4-45)即为顶板块体上方散体矸石作用在块体上的载荷。

根据 4.3 节"极近距离下部煤层顶板结构稳定性分析"可知,能否维持顶板稳定取决于作面支架顶梁是否能够提供足够的工作阻力,该力要保证直接顶中裂隙块体(图 4-6、图 4-7)不失稳。设顶梁长度为 L_d,支架宽度为 S,则块体达到平衡时支架顶梁需要施加的力 p_d 为:

(1) 顶板为六面体块体条件下:

$$p_d = \left[q_y I \sin\alpha + \gamma H' I \sin^2\alpha - 2q_x H' \frac{\cos\varphi_l \sin^2\alpha}{\sin(\alpha - \varphi_l)\sin(\alpha + \varphi_l)} \right] SL_d \qquad (4-46)$$

(2) 顶板为楔形块体条件下:

① 当 $\alpha \leqslant 90° - \varphi_l$ 时,支架支护阻力除了应控制块体结构自身稳定平衡外,还应满足能够平衡拱内传递下来的载荷,以保证顶板不会因变形太大而导致顶板中裂隙的进一步扩展,从而保证顶板不冒落,则 p_d 为:

$$p_d = \left(\gamma H + \frac{L_c \gamma}{2f} \right) L_d S \qquad (4-47)$$

② 当 $\alpha > 90° - \varphi_l$ 时,p_d 为:

$$p_d = \left[\gamma \frac{I^2}{4\sin 2\alpha} + \frac{1}{\tan(\alpha + \varphi_l)\cos\alpha} I q_x \right] SL_d \qquad (4-48)$$

(3) 当顶板为碎裂顶板时,p_d 可简化为:

$$p_d = \frac{L_c \gamma}{2f} SL_d \qquad (4-49)$$

4.4.2　掩护梁受力分析

支架掩护梁上的外力主要来自于顶板冒落松散矸石。设支架掩护梁与垂线夹角为 α',作用在支架顶梁水平线松散矸石载荷为 q_1,利用散体介质力学[143-144]可求出作用在掩护梁 AC 上的载荷 q_2,如图 4-9 所示。

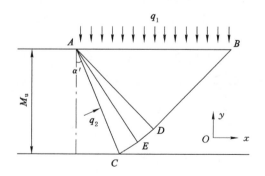

图 4-9　掩护梁受力分析模型

根据支架掩护梁后方散体介质受力边界条件,可划分为三个不同应力场,ABD、ACE 为均匀应力场,ADE 为极射应力场。

在 ABD 区：

$$\sigma_1 = q_1 = \sigma(1 + \sin\varphi) - C\cot\varphi, \quad \vartheta = \frac{\pi}{2} \tag{4-50}$$

式中　ϑ——主应力 σ_1 与 x 轴夹角；

　　　C——散体矸石黏聚力；

　　　φ——散体矸石内摩擦角；

　　　σ——计算参变量。

在 ACE 区：

$$\sigma_3 = q_2 = \sigma(1 - \sin\varphi) - C\cot\varphi, \quad \vartheta = \frac{\pi}{2} + \alpha' \tag{4-51}$$

滑移线 $BDEC$ 满足滑移线方程：

$$\begin{cases} \mathrm{d}\sigma - 2\sigma\tan\varphi\,\mathrm{d}\beta = 0 \\ \int_{\sigma_0}^{\sigma} \dfrac{\mathrm{d}\sigma}{\sigma} = \int_{\vartheta_0}^{\vartheta} 2\tan\varphi\,\mathrm{d}\beta \end{cases}$$

解得：

$$\sigma = \sigma_0 e^{\left[2\tan\varphi(\vartheta - \vartheta_0)\right]} \tag{4-52}$$

因为 $BDEC$ 从 AB 线开始，由式(4-50)得：

$$\vartheta_0 = \frac{\pi}{2}, \sigma = \frac{q_1 + C\cot\varphi}{1 + \sin\varphi} \tag{4-53}$$

AC 为 $BDEC$ 终点线，由式(4-51)得：

$$\vartheta_0 = \frac{\pi}{2} + \alpha', \sigma = \frac{q_2 + C\cot\varphi}{1 - \sin\varphi} \tag{4-54}$$

由以上各式整理得：

$$q_2 = \frac{1 - \sin\varphi}{1 + \sin\varphi}(q_1 + C\cot\varphi)e^{2\alpha'\tan\varphi} - C\cot\varphi \tag{4-55}$$

对于理想松散介质，取 $C=0$，则：

$$q_2 = \frac{1 - \sin\varphi}{1 + \sin\varphi}q_1 e^{2\alpha'\tan\varphi} = q_1 \tan^2\left(\frac{\pi}{4} - \frac{\varphi}{2}\right)e^{2\alpha'\tan\varphi} \tag{4-56}$$

松散矸石载荷为 q_1，按式(4-44)可近似表示为：

$$q_1 = q_y = \frac{L_c\gamma}{2f} \tag{4-57}$$

令支架掩护梁长为 L_s、宽为 S，则支架掩护梁受到合力 p_y 为：

$$p_y = L_s S q_1 \tan^2\left(\frac{\pi}{4} - \frac{\varphi}{2}\right)e^{2\alpha'\tan\varphi} \tag{4-58}$$

根据式(4-56)~式(4-58)，支架掩护梁受到合力 p_y 可进一步表示为：

$$p_y = L_s S \frac{L_c}{2f}\gamma \tan^2\left(\frac{\pi}{4} - \frac{\varphi}{2}\right)e^{2\alpha'\tan\varphi} \tag{4-59}$$

极近距离煤层开采围岩控制理论及技术研究

掩护梁水平推力 p_{yh} 为：

$$p_{yh} = L_s S \frac{L_c}{2f} \gamma \tan^2\left(\frac{\pi}{4} - \frac{\varphi}{2}\right) e^{2\alpha' \tan \varphi} \cos \alpha' \qquad (4-60)$$

掩护梁垂直压力 p_{yv} 为：

$$p_{yv} = L_s S \frac{L_c}{2f} \gamma \tan^2\left(\frac{\pi}{4} - \frac{\varphi}{2}\right) e^{2\alpha' \tan \varphi} \sin \alpha' \qquad (4-61)$$

4.4.3 极近距离下部煤层开采工作面支架阻力实例计算

同煤集团王村煤矿 $11^{-2\#}$ 煤层 404 盘区 8407、8406、8803 工作面均选用 ZY5000-16/27.5 型掩护式液压支架，最大控顶距取 4.66 m，顶梁控顶长度为 3.875 m，掩护梁长度为 1.579 m，支架掩护梁与垂线夹角取 30°，支架宽度为 1.5 m；四台煤矿 $11^\#$ 煤层 404 盘区 8423、8427 工作面选用 ZZS6000/17/37A 型液压支架，最大控顶距为 5.69 m，顶梁控顶长度为 4.95 m，掩护梁长度为 2.15 m，支架掩护梁与垂线夹角取 20°，支架宽度 1.5 m。上覆岩层平均容重均取 25 kN/m³，矸石坚固性系数取 0.13，矸石内摩擦角取 28°，其他开采条件如 3.2、3.3 节所述。按最不利条件考虑，支架顶梁所承受的载荷根据式(4-47)计算，掩护梁垂直载荷根据式(4-61)计算。支架所受顶板垂直载荷理论计算结果与实测结果对比见表 4-2，可见理论计算结果与现场实测结果基本相符。

表 4-2 理论计算结果和实测结果对比表

工作面	理论计算结果/kN			实测结果/kN
	顶梁载荷	掩护梁垂直载荷	整架垂直载荷	
8407	3 113.0	333.3	3 446.3	3 134.8
8406	3 185.7	333.3	3 519.0	3 260.3
8803	2 866.0	333.3	3 199.4	2 466.0
8423	4 804.8	315.0	5 119.8	5 059.7
8427	4 407.6	315.0	4 722.6	4 305.0

4.5 本章小结

（1）当上部煤层采用长壁全部垮落法开采后，下部煤层回采时，根据极近距离下部煤层开采时顶板的结构特点，构建了极近距离下部煤层开采时顶板结构为"块体-散体"结构模型,为极近距离下部煤层开采提供理论依据。

(2) 根据顶板结构模型,运用块体理论,分析了不同类型的块体可能产生的失稳形式,确定了不同块体结构的失稳判据。

① 对于顶板平行块体(C 块体):

当 $\alpha \leqslant \varphi_l$ 时,块体将不会滑动而处于稳定状态;当 $\alpha > \varphi_l$ 时,块体才会出现滑动的可能。则顶板六面体块体在 $\alpha > \varphi_l$ 条件下的失稳判据为:

$$q_y I \sin \alpha + \gamma H' I \sin^2 \alpha - 2q_x H' \frac{\cos \varphi_l \sin^2 \alpha}{\sin(\alpha - \varphi_l) \sin(\alpha + \varphi_l)} > 0$$

② 对于顶板楔形块体(C 块体):

当 $\alpha \leqslant 90° - \varphi_l$ 时,不管块体处于什么样的应力状态,块体都将不能保持稳定。楔形块体在 $\alpha > 90° - \varphi_l$ 条件下的失稳判据为:

$$\gamma \frac{I^2}{4 \sin 2\alpha} + \frac{1}{\tan(\alpha + \varphi_l) \cos \alpha} I q_x > 0$$

③ 对于 A、B 块体:

A、B 块体破断方式为拉伸破坏破断,破断时所需的载荷集度 q_y 为:

$$q_y = \begin{cases} \dfrac{\sigma_t H^2}{x^2}, & x \leqslant L/2 \\[4mm] \dfrac{\sigma_t H^2 \left(2a\cos \dfrac{\theta}{2} - x \right)}{x^3 - 2\left(x - a\cos \dfrac{\theta}{2} \right)^3}, & x > L/2 \end{cases}$$

(3) 从结构失稳的角度出发,分析下部煤层开采顶板结构失稳过程为:C 块体失稳,可能导致 B 块体破断,进一步导致 A 块体断裂,进而引起连锁反应造成顶板垮落,揭示了极近距离下部煤层开采顶板垮落的动态过程。

(4) 采场支架支护的直接对象是受到上部煤层采动损伤影响的裂隙块体岩层及上部煤层开采后垮落的松散矸石。支架主要受两个方面力的作用:一是顶梁受块体作用的载荷;二是掩护梁受松散介质作用的载荷。此时的支架-围岩相互作用状态属于给定载荷的状态,给出了极近距离下部煤层工作面支架载荷的计算方法。

① 块体达到平衡时支架顶梁需要施加的力 p_d 为:

(a) 顶板六面体块体条件下:

$$p_d = \left[q_y I \sin \alpha + \gamma H' I \sin^2 \alpha - 2q_x H' \frac{\cos \varphi_l \sin^2 \alpha}{\sin(\alpha - \varphi_l) \sin(\alpha + \varphi_l)} \right] B L_d$$

(b) 顶板楔形块体条件下:

$$p_d = \left[\gamma H + \frac{L_c \gamma}{2f}\right] L_d B, \qquad\qquad \alpha \leqslant 90° - \varphi_l$$

$$p_d = \left[\gamma \frac{I^2}{4\sin 2\alpha} + \frac{1}{\tan(\alpha + \varphi_l)\cos\alpha} I q_x\right] B L_d, \quad \alpha > 90° - \varphi_l$$

(c) 当顶板为碎裂顶板时，p_d 可简化为：

$$p_d = \frac{L_c \gamma}{2f} B L_d$$

② 利用散体介质力学导出支架掩护梁受力公式：

(a) 支架掩护梁受到合力 p_y 为：

$$p_y = L_s S \frac{L_c}{2f}\gamma \tan^2\left(\frac{\pi}{4} - \frac{\varphi}{2}\right) e^{2\alpha'\tan\varphi}$$

(b) 掩护梁水平推力 p_{yh} 为：

$$p_{yh} = L_s S \frac{L_c}{2f}\gamma \tan^2\left(\frac{\pi}{4} - \frac{\varphi}{2}\right) e^{2\alpha'\tan\varphi}\cos\alpha'$$

(c) 掩护梁垂直压力 p_{yv} 为：

$$p_{yv} = L_s S \frac{L_c}{2f}\gamma \tan^2\left(\frac{\pi}{4} - \frac{\varphi}{2}\right) e^{2\alpha'\tan\varphi}\sin\alpha'$$

第5章 极近距离下部煤层开采巷道合理位置研究

5.1 概述

由于煤层之间的距离很近,极近距离下部煤层开采前顶板的完整程度已受到上部煤层开采损伤破坏,围岩的稳定性会相对较差,再加上受上部煤层开采残留的区段煤柱在底板形成的集中压力影响,使极近距离下部煤层回采巷道控制成为生产中的一个突出问题。下部煤层回采巷道的布置形式主要有三种:内错式布置、外错式布置和重叠布置。内错式布置方式即为下部煤层回采巷道布置在上部煤层采空区下方的应力降低区内,巷道压力小,易于维护,缺点为煤柱大、资源浪费严重、回采率低;外错式布置方式是下部煤层回采巷道布置在上部煤层的煤柱下,巷道围岩处于煤柱支承压力作用区,对巷道维护不利,其优点是下部煤层煤柱尺寸减小,回采率高,煤炭损失量小;重叠布置方式即上、下煤层回采巷道垂直布置,工作面长度一定,方向易于掌握,围岩应力处于以上二者之间。

极近距离下部煤层开采巷道布置形式决定着工作面在整个回采期间巷道支护的难易程度、维护成本,而巷道支护的难易程度又取决于上部煤层煤柱载荷在其底板煤(岩)层中的应力传递情况。煤柱载荷在底板煤(岩)层中的应力传递规律受煤柱宽度、煤柱和围岩性质影响,煤柱宽度以及煤柱和围岩强度、结构不同,所产生的应力集中程度不同,由此造成传递到底板煤(岩)层中的应力分布也各异。现代矿压理论认为,应力集中程度对巷道的矿压显现程度起决定作用,将巷道布置在煤柱下方的低应力区是实现主动控制巷道稳定性的根本途径。一般认为,下部煤层开采时,在上部煤层残留的区段煤柱边缘形成一个应力降低区内,将下部煤层回采巷道布置在此区域内以避开煤柱压力集中区是合适的,易于维护。极近距离煤层开采的实践表明,尽管巷道处于应力降低区内,下部煤层开采时巷道的矿压显现还是十分明显的,变形和破坏严重,维护十分困难,严重影响着矿井正常生产[7]。事实上,煤层开采引起回采空间围岩应力重新分布,不仅在回采空间周围的煤柱上造成应力集中,而且该应力会向底板深部传递。煤柱在底板中的应力分布为非均匀分布状态,而巷道多采用传统的均称支护,在非均衡的应力环境中,支架受到不均匀的偏心载荷作用,极易造成支架受力条件恶化,因而,在煤矿井下工程实践中人们经常可以看到巷道围岩变形与破坏呈现出非对称变形和破坏的复杂现象。

本章运用理论分析和数值模拟的方法,首先对煤柱稳定性进行分析,在此基础上进一步研究煤柱在底板岩层中的非均匀应力分布规律,分析巷道在非均匀应力场中支护体结构极易变形和破坏的原因,进而对下部煤层回采巷道的合理位置进行探讨,提出极近距离下部煤层回采巷道的合理位置确定方法,并进行工程实例验证。

5.2 煤柱稳定性分析

5.2.1 塑性区煤柱临界宽度确定

煤层开采引起回采空间围岩应力重新分布,不仅在回采空间周围的煤柱上形成应力集中,而且该应力会向底板深部传递。煤柱应力集中程度受煤柱宽度、煤柱和围岩性质的影响。研究上部煤层的煤柱稳定性是分析煤柱集中应力在底板岩层中的应力分布规律的前提,是进一步确定下部煤层回采巷道合理位置的首要条件。

煤柱受到回采引起的侧向支承压力作用后,一般可分为破裂区、塑性区(一侧宽度为 x_0)和弹性区。上部煤层开采后残留的煤柱一般处于两侧采空状态,煤柱长期承受支承压力的作用,支承压力形态与煤柱的宽度有关。设煤柱宽度为 L,煤柱一侧固定支承压力影响区范围为 l_0,当煤柱宽度非常大($L > 2l_0$)时,煤柱两侧支承压力不叠加,煤柱中央处于原岩应力状态;随着煤柱宽度的减小,当 $l_0 < L < 2l_0$ 时,煤柱的应力由两侧回采引起的支承压力叠加而成,因为煤柱较大,煤柱中部的应力叠加较其两侧低,煤柱中部出现较大的弹性核,煤柱上的应力呈"马鞍"形分布,如图 5-1(a)所示;当煤柱宽度进一步减小,应力集中系数 k 较大,整个煤柱的应力分布由两侧回采引起的支承压力叠加而成,呈钟形分布,如图 5-1(b)所示。若弹性区的宽度等于零,即煤柱完全处于塑性屈服状态,其承载能力逐渐下降,所受的压力就会有一部分发生释放转移,其上的垂直应力集中程度降低,相应煤柱在底板煤(岩)层中的影响范围和程度也会明显降低。这对下部煤层巷道布置是有利的。

极近距离上部煤层回采时,工作面之间时常要保留护巷煤柱,其目的是防止

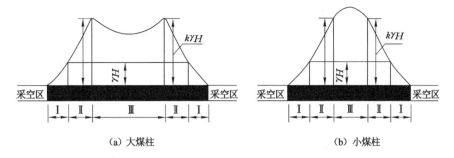

（a）大煤柱　　　　　　　　　　（b）小煤柱

Ⅰ—破裂区；Ⅱ—塑性区；Ⅲ—应力升高的弹性区（弹性核）。

图 5-1　稳定煤柱的弹塑性区及应力分布[15]

回采巷道变形、维护巷道稳定等，当工作面回采后，势必留有残留煤柱。对于长壁采煤工作面，残留区段煤柱为长条形，煤柱长度远大于其宽度，则单位宽度内煤柱的受力状态可简化为平面应变问题进行分析。因此，建立的煤柱弹塑性区应力计算模型如图 5-2 所示。

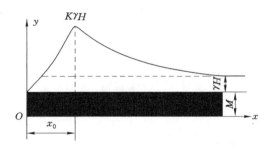

图 5-2　煤柱弹塑性区应力计算模型

在煤柱的极限平衡区内取一宽度为 dx 的单元体，促使单元体向采空区方向压出的是水平挤应力，而阻止单元体挤出的是黏聚力及煤柱与顶、底板接触面之间的摩擦力，故单元体处于平衡状态的方程式为：

$$2(C + f\sigma_y)dx + M\sigma_x - M\left(\sigma_x + \frac{d\sigma_x}{dx}dx\right) = 0$$

即：

$$2C + 2f\sigma_y - M\frac{d\sigma_x}{dx}dx = 0 \tag{5-1}$$

式中　C——煤体的黏聚力；

　　　M——煤层开采厚度；

　　　f——煤层与顶、底板接触面的摩擦系数；

σ_y——塑性区的垂直应力；

σ_x——塑性区的水平应力。

极限平衡条件为：

$$\frac{\sigma_y + C\cot\varphi}{\sigma_x + C\cot\varphi} = \frac{1+\sin\varphi}{1-\sin\varphi} \tag{5-2}$$

式中 φ——煤体的内摩擦角。

令：

$$\xi = \frac{1+\sin\varphi}{1-\sin\varphi}$$

将式(5-2)代入式(5-1)得：

$$\frac{\mathrm{d}\sigma_y}{\mathrm{d}x} - \frac{2f\xi}{M}\sigma_y = \frac{2C\xi}{M} \tag{5-3}$$

在煤柱边缘 $x=0$ 处，应力边界条件为：

$$\sigma_x\big|_{x=0} = p_i$$

式中 p_i——支架对煤帮的阻力。

解此微分方程得：

$$\sigma_y = \xi(p_i + C\cot\varphi)\mathrm{e}^{\frac{2\xi f}{M}} - C\cot\varphi \tag{5-4}$$

设煤柱的一侧塑性区宽度为 x_0，则在塑性区与弹性区交界面 $x=x_0$ 处，应力边界条件为：

$$\sigma_y\big|_{x=x_0} = k\gamma H \tag{5-5}$$

式中 k——应力集中系数；

γ——煤层上覆岩层平均容重；

H——煤层埋藏深度。

将式(5-5)代入式(5-4)得煤柱的一侧塑性区宽度 x_0 为：

$$x_0 = \frac{M}{2\xi f}\ln\frac{k\gamma H + C\cot\varphi}{\xi(p_i + C\cot\varphi)} \tag{5-6}$$

5.2.2 塑性区煤柱临界宽度影响因素

由式(5-6)可知，影响煤柱塑性区宽度 x_0 的独立因素有：煤柱支承压力 $k\gamma H$；煤体的黏聚力 C 和内摩擦角 φ；煤层开采厚度 M；煤层和顶、底板接触面的摩擦系数 f。

（1）煤柱支承压力 $k\gamma H$ 的影响

其他因素不变时，煤柱的塑性区宽度 x_0 随着开采深度 H 和应力集中系数 k 的增大，按指数函数规律迅速增长。取 $\varphi=29.5°$，$C=1.8$ MPa，$f=0.2$，$p_i=0$，$M=3.0$ m 绘制 x_0 与 $k\gamma H$ 关系曲线如 5-3 所示。由图 5-3 可见：当 $k\gamma H <$

17.5 MPa 时,曲线变化较大;当 $k\gamma H>30$ MPa 时,煤柱的塑性区宽度随 $k\gamma H$ 的增长变化幅度较小。

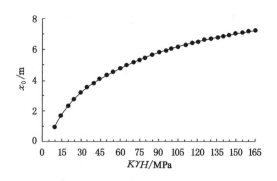

图 5-3　煤柱的塑性区宽度 x_0 与支承压力 $k\gamma H$ 关系曲线

(2) 内摩擦角 φ 和黏聚力 C 的影响

如图 5-4 所示,在其他因素一定的情况下($M=3.0$ m,$H=300$ m,$\gamma=2\,500$ kN/m³, $f=0.2$),煤柱塑性区宽度 x_0 随着煤体内摩擦角 φ 和黏聚力 C 的降低,按对数函数规律增长。φ、C 愈小,即煤柱强度愈低,x_0 随 H、k 增长愈快;反之,φ、C 愈大,即煤柱强度愈高时,H、k 对 x_0 的影响较小。

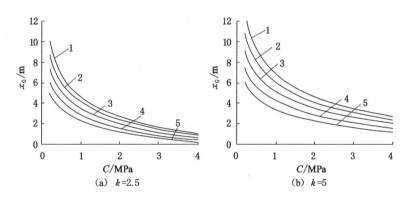

1—$\varphi=15°$;2—$\varphi=20°$;3—$\varphi=25°$;4—$\varphi=30°$;5—$\varphi=35°$。

图 5-4　煤柱的塑性区宽度 x_0 与 C 关系曲线

(3) 煤层开采厚度 M 的影响

煤柱塑性区宽度 x_0 与煤层开采厚度 M 成正比关系,煤层开采厚度越厚,其塑性区宽度越大,且按比例增大。

(4) 煤层和顶、底板接触面的摩擦系数 f 的影响

煤柱塑性区宽度 x_0 与煤层和顶、底板接触面的摩擦系数 f 成反比关系,摩擦系数越大,其塑性区宽度越小,且按比例减小。

5.2.3　极近距离煤层塑性煤柱临界宽度确定

由以上分析可知,煤柱一侧的塑性区宽度 x_0 主要取决于煤层的开采厚度 M,埋藏深度 H,应力集中系数 k,煤柱的内摩擦角 φ 和黏聚力 C,以及支护阻力 p_i 等因素。当煤柱宽度 L 小于两侧塑性区宽度之和时,也就是煤柱两侧形成的塑性区贯通时,中间弹性核的宽度为零,煤柱在整体上处于塑性状态,煤柱的稳定性将明显降低,相应向底板传递的集中载荷将大大减小。采空区残留煤柱整体进入塑性屈服状态时的煤柱宽度为:

$$L \leqslant 2x_0 \tag{5-7}$$

一般认为煤柱保持稳定的基本条件为[140-141]:在两侧形成塑性屈服区后,煤柱中央仍处于弹性应力状态,即中央有一定宽度的弹性核,煤柱核部的宽度一般取 $1\sim2$ 倍煤柱高度。则稳定煤柱的最小宽度(B)为:

$$B = 2x_0 + (1\sim2)M \tag{5-8}$$

即:

$$B = \frac{M}{\xi f}\ln\frac{k\gamma H + C\cot\varphi}{\xi(p_i + C\cot\varphi)} + (1\sim2)M \tag{5-9}$$

对于存在上、中、下三个层位的极近距离煤层,当中层采过后,上部煤层煤柱整体进入塑性状态煤柱的宽度为 $L\leqslant2x_0'$。其中,煤柱一侧塑性区宽度 x_0' 为:

$$x_0' = \frac{M_u + h_r + M_m}{2\xi f}\ln\frac{k\gamma H + C\cot\varphi}{\xi(p_i + C\cot\varphi)} \tag{5-10}$$

式中　M_u——上部煤层开采厚度,m;

　　　　M_m——中部煤层开采厚度,m;

　　　　h_r——上、中部煤层间岩层厚度,m。

上部煤层稳定煤柱的最小宽度(B')为:

$$B' = 2x_0' + (1-2)(M_u + h_r + M_m) \tag{5-11}$$

即

$$B' = \frac{M_u + h_r + M_m}{\xi f}\ln\frac{k\gamma H + C\cot\varphi}{\xi(p_i + C\cot\varphi)} + (1\sim2)(M_u + h_r + M_m) \tag{5-12}$$

5.2.4　塑性煤柱临界宽度实例计算

以四台煤矿 404 盘区煤层开采条件为例,10# 煤层平均厚度 M 取 1.92 m,内摩擦角 φ 取 29.5°;考虑煤层的节理裂隙影响,黏聚力 C 取 1.08 MPa;支架对

煤帮的阻力 p_i 取 0;煤层与顶、底板岩层接触面的摩擦系数取 0.2,应力集中系数取 3.6,上覆岩层平均容重为 25 kN/m³,煤层平均埋深取 215 m。

由式(5-6)计算的 x_0 值为 2.1 m,由式(5-7)确定煤柱整体进入塑性状态时的煤柱宽度为 4.2 m,由式(5-9)确定稳定煤柱的最小宽度在 6.1~8.0 m 之间。即四台煤矿上部煤层开采的煤柱宽度大于稳定煤柱的最小宽度(6.1~8.0 m)时能够形成稳定煤柱。

以大同矿区极近距离煤层一般开采条件为例,煤层的平均开采厚度 M 取 3.0 m,煤层内摩擦角 φ 取 30°;黏聚力 C 取 1.8 MPa;支架对煤帮的阻力 p_i 取 0;煤层间岩层厚度 h_r 平均取 3.0 m;煤层与顶、底板岩层接触面的摩擦系数 0.2,应力集中系数取 3.6,上覆岩层平均容重为 25 kN/m³,煤层平均埋深取 300 m。

由式(5-6)计算的 x_0 值约为 3 m,由式(5-7)确定煤柱整体进入塑性状态时的煤柱宽度约为 6 m,由式(5-9)确定稳定煤柱的最小宽度在 9~12 m 之间。即大同矿区上部煤层开采的煤柱宽度大于稳定煤柱的最小宽度(9~12 m)时能够形成稳定煤柱。

由式(5-10)计算的 x_0' 值约为 9 m。则当极近距离煤层群第三层开采时,上部煤层煤柱宽度小于 18 m 时,会进入塑性状态,当煤层煤柱宽度为 27~36 m 时能够形成稳定煤柱。大同矿区上部煤层煤柱宽度一般为 12 m 左右,则在极近距离煤层群第三层开采时,上部煤层煤柱为塑性状态。

5.3　煤柱底板中的应力分布规律

5.3.1　应力分布理论分析

煤层的开采引起回采空间周围岩层应力重新分布,不仅在回采空间周围的煤柱上造成应力集中,而且该应力会向底板深部传递。因此,研究煤柱在底板岩层内的应力分布规律,对了解下部邻近煤(岩)层巷道的受力状况和矿压显现,确定下部煤(岩)层巷道合理位置及选择有关参数都具有指导意义。

采用长壁工作面采煤、垮落法管理顶板时,采空区顶板自下而上会出现不规则垮落带、规则垮落带、裂隙带和弯曲下沉带。不规则垮落带岩层为松散状态,在此之上的靠工作面以及上、下平巷附近的顶板岩层大部分处于悬空状态,这部分岩层将自身重量以及上覆岩层的载荷转移到工作面前方煤体和采空区两侧煤柱(体)上,形成高于原岩应力的支承压力分布区。对于塑性煤柱,由于煤柱的稳定性大大降低,煤柱的承载能力将会发生改变,相应向底板煤(岩)体传递应力的集中程度明显降低。当煤柱宽度大于塑性煤柱最小宽度时,煤柱中部存在弹性核,煤柱向底板煤(岩)体传递应力的集中程度增高,相应煤柱下的底板煤(岩)体内会有一个影响范围较大的应力增高区。因而,煤柱尺寸和煤层及顶、底板岩性对底板岩层应力分布范围有直接影响。

视煤(岩)体为均质的弹性体,应用弹性理论[25,145],如图 5-5(a)所示,集中载荷 p 在半无限平面体内任一点 (θ, r) 的应力可用极坐标表示为:

$$\begin{cases} \sigma_y = \dfrac{2p\cos^3\theta}{\pi r} \\[2mm] \sigma_x = \dfrac{2p\sin^2\theta\cos\theta}{\pi r} \\[2mm] \tau_{xy} = \dfrac{2p\sin\theta\cos^2\theta}{\pi r} \end{cases} \quad (5\text{-}13)$$

用直角坐标表示为:

$$\begin{cases} \sigma_y = \dfrac{2p}{\pi} \dfrac{y^3}{(x^2+y^2)^2} \\[2mm] \sigma_x = \dfrac{2p}{\pi} \dfrac{yx^2}{(x^2+y^2)^2} \\[2mm] \tau_{xy} = \dfrac{2p}{\pi} \dfrac{xy^2}{(x^2+y^2)^2} \end{cases} \quad (5\text{-}14)$$

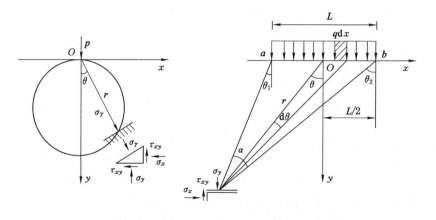

(a) 集中载荷作用计算图   (b) 底板受均布载荷作用的计算图

图 5-5 底板受均布载荷作用的计算

通过叠加原理推广到自由边界上受均布载荷作用的情况如图 5-5(a)所示,即均布载荷作用下底板岩体内的应力计算公式为:

$$\begin{cases} \sigma_x = -\dfrac{q}{\pi}\left[\arctan\dfrac{x+L/2}{y} - \arctan\dfrac{x-L/2}{y} + \dfrac{y(x-L/2)}{y^2+(x-L/2)^2} - \dfrac{y(x+L/2)}{y^2+(x+L/2)^2}\right] \\[3mm] \sigma_y = -\dfrac{q}{\pi}\left[\arctan\dfrac{x+L/2}{y} - \arctan\dfrac{x-L/2}{y} - \dfrac{y(x-L/2)}{y^2+(x-L/2)^2} + \dfrac{y(x+L/2)}{y^2+(x+L/2)^2}\right] \\[3mm] \tau_{xy} = \dfrac{q}{\pi}\left[\dfrac{y^2}{y^2+(x+L/2)^2} - \dfrac{y^2}{y^2+(x-L/2)^2}\right] \end{cases}$$

$$(5\text{-}15)$$

式中　q——作用于底板岩体上的均布载荷。

根据式(5-15)可知,煤柱均布载荷向底板煤(岩)层中按一定的规律扩散和衰减。图 5-6 是煤柱宽度为 15 m 时煤柱均布载荷作用下底板应力分布曲线。其应力传递有以下规律:

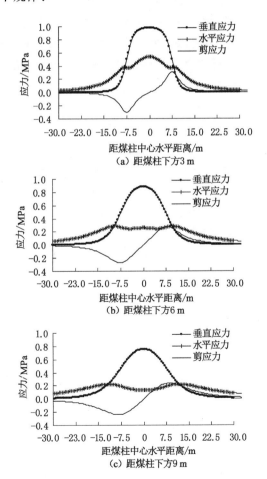

图 5-6　煤柱均布载荷作用下底板应力分布曲线

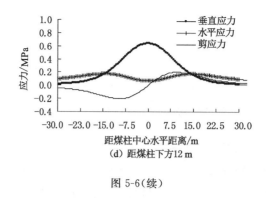

(d) 距煤柱下方12 m

图 5-6(续)

（1）煤柱均布载荷向底板煤（岩）层传递的各应力影响范围和分布形式有所不同，垂直应力影响范围较大，而水平和剪应力的影响范围相对较浅，各应力均按一定角度扩散。在底板不同深度水平截面上，距煤柱均布载荷作用点愈浅，应力分布范围愈小，且影响程度愈大。反之，距煤柱均布载荷作用点愈深，应力分布范围愈大，且影响程度愈小。

（2）在底板不同深度各水平截面上以煤柱均布载荷中心点下部轴线处的垂直应力为最大，随远离煤柱逐渐衰减，且在煤柱边缘范围内垂直应力衰减速度最大。

（3）水平应力距载荷作用点愈深，应力分布范围愈大，衰减速度随远离煤柱而缓和。峰值随深度增加而衰减，同一水平截面上的水平应力峰值位置当距煤柱较近时，位于煤柱均布载荷中心点下部轴线处，当距煤柱较远时，靠近煤柱边缘出现两个峰值，且峰值随深度增加而趋于缓和。

（4）剪应力随深度增加，逐渐向煤柱载荷作用的边缘扩散。以煤柱均布载荷中心点下部轴线处的剪应力最小（0）。剪应力峰值按与煤柱边界线法线成一定夹角向外传递，且峰值随深度增加而减小。在底板不同深度各水平截面上，剪应力变化随深度增加而趋于缓和。

5.3.2 应力分布数值模拟

5.3.2.1 模型建立

以大同矿区下组极近距离煤层一般开采条件为例，采用非线性有限元数值计算方法主要分析上部煤层开采后不同残留煤柱宽度在底板煤（岩）层中的应力分布规律。计算模型的煤（岩）层组合及物理力学参数见第 3 章，采深取 300 m，上覆岩层平均容重为 25 kN/m³。为简化计算，采用平面应变模型，模型上部为应力边界，即模型的上覆岩层重力以均布荷载代替；模型底板及两侧均为固定边界。上部煤层开采后直接顶垮落角取 25°[139]，采用一次性换填材料式开挖模拟采空区垮落矸石。模型计算采用 Drucker-Prager 塑性准则，为了提高计算速度和计算精度，在总体模型的基础上建立子模型，子模型的边界条件由总体模型的输出自动施加。共建煤柱宽度分别为 12 m、15 m、20 m、25 m、30 m、35 m、40 m、45 m、50 m、55 m 十个模型。

5.3.2.2　数值模拟计算结果及分析

图 5-7 给出了上部煤层不同煤柱宽度时底板岩（煤）层垂直应力集中系数 k （$k=\sigma_v/\gamma H$）等值线分布图；图 5-8 为不同煤柱宽度时下部煤层应力分布曲线。从图 5-7 和图 5-8 中可以看出：

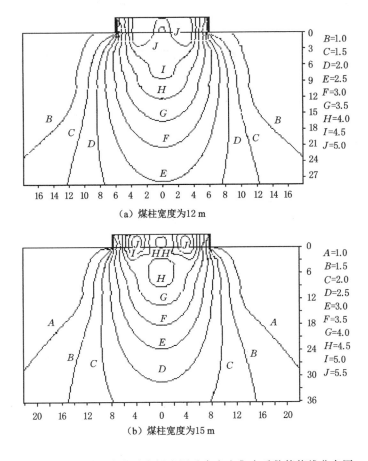

（a）煤柱宽度为 12 m

（b）煤柱宽度为 15 m

图 5-7　不同煤柱宽度时底板岩层垂直应力集中系数等值线分布图

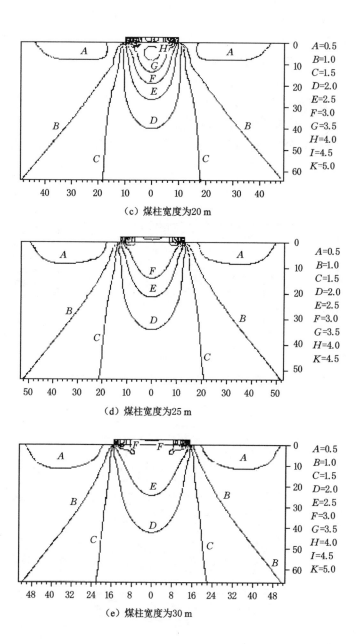

（c）煤柱宽度为20 m

（d）煤柱宽度为25 m

（e）煤柱宽度为30 m

图 5-7(续)

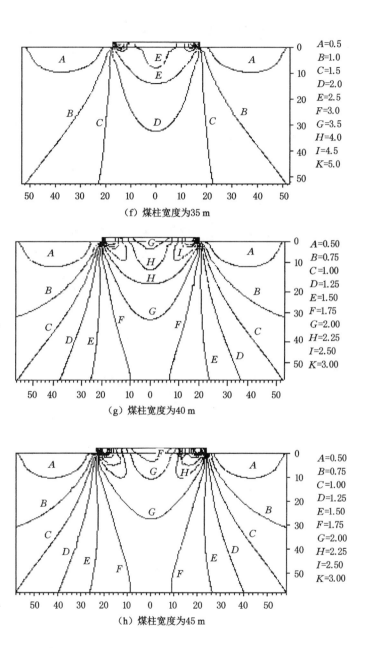

（f）煤柱宽度为35 m

（g）煤柱宽度为40 m

（h）煤柱宽度为45 m

图 5-7（续）

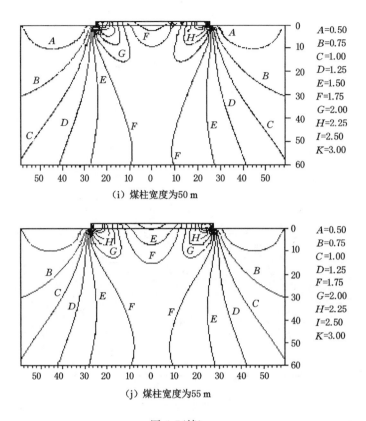

（i）煤柱宽度为50 m

（j）煤柱宽度为55 m

图 5-7（续）

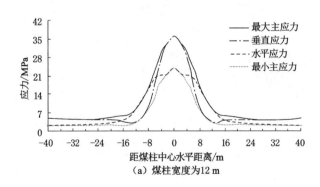

（a）煤柱宽度为12 m

图 5-8　不同煤柱宽度时下部煤层应力分布曲线

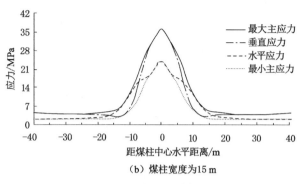

（b）煤柱宽度为15 m

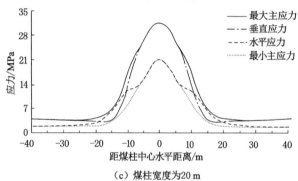

（c）煤柱宽度为20 m

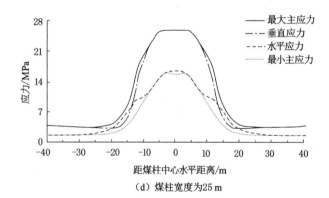

（d）煤柱宽度为25 m

图 5-8（续）

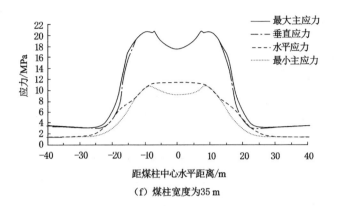

（f）煤柱宽度为35 m

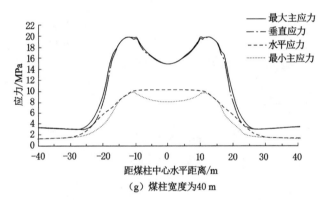

（g）煤柱宽度为40 m

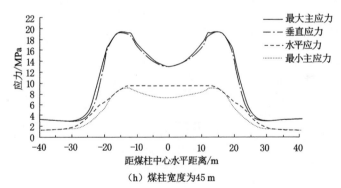

（h）煤柱宽度为45 m

图 5-8（续）

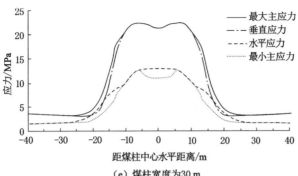

（e）煤柱宽度为30 m

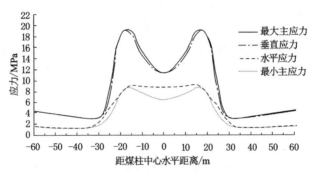

（i）煤柱宽度为50 m

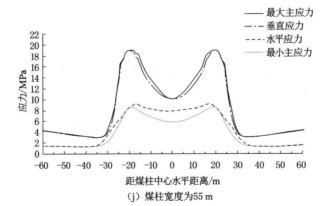

（j）煤柱宽度为55 m

图 5-8（续）

(1) 底板煤(岩)层内任意点的应力大小,主要取决于煤柱宽度、该点距上部煤柱的垂直距离和该点与上部煤柱边缘或中心线的水平距离。不同煤柱宽度对底板的应力分布影响很大。当煤柱宽度小于 30 m 时,在煤柱下方同一水平截面上的煤(岩)层垂直应力以煤柱中心线处为最大,并随着与煤柱中心线水平距离的增加呈正态分布而衰减;当煤柱宽度大于 30 m 时,在煤柱下方同一水平截面上的煤(岩)层垂直应力在煤柱中心线处较小,靠近煤柱边缘出现两个峰值。

(2) 煤柱载荷作用下,在底板煤(岩)层内的应力分布均呈扩展状态,向采空区发展且应力逐渐减小,距上部煤柱边缘一定距离则形成应力降低区。因此,布置下部煤层巷道时,为减轻煤柱影响应与煤柱边缘保持一定距离,尽可能布置在应力降低区内。以应力集中系数 $k=1$ 的曲线划分应力增高区与应力降低区影响范围,该线与煤柱边缘垂线之间的夹角即为煤柱载荷在底板煤(岩)层内的传递影响角(δ)。不同煤柱宽度煤柱载荷在下部煤(岩)层水平面上传递影响角(δ)数值模拟结果见表 5-1,其传递影响角变化曲线如图 5-9 所示。由表 5-1 和图 5-9 可以看出:煤柱载荷在下部煤层水平面上传递影响角在 $24°\sim43°$ 之间;煤柱宽度越小,传递影响角越大,且随煤柱宽度增大,应力传递影响角逐渐减小;当煤柱宽度小于 30 m 时,传递影响角随煤柱宽度变化幅度较大,当煤柱宽度大于 30 m 时,其随煤柱宽度变化缓慢。经回归分析,煤柱宽度($12 \text{ m}\leqslant L\leqslant55 \text{ m}$)与传递影响角($\delta$)的关系式(5-16)所列,其相关系数为 0.998 6。

表 5-1　不同煤柱宽度对下部煤层应力传递影响角及不均衡程度的影响范围计算结果

煤柱宽度/m	应力降低区距煤柱边缘水平距离/m	传递影响角/(°)	不均衡程度影响范围/m
12	6.19	42.38	10.48
15	5.36	38.30	9.29
20	4.52	33.68	7.96
25	3.83	29.43	7.62
30	3.35	26.30	7.12
35	3.26	25.65	6.82
40	3.24	25.57	6.78
45	3.22	25.38	6.70
50	3.20	25.25	6.64
55	3.10	24.56	6.57

$$\delta = -0.000\ 5L^3 + 0.065\ 5L^2 - 2.944\ 8L + 69.488 \tag{5-16}$$

下部煤层应力降低区($k\leqslant1$)距煤柱边缘的水平距离 S_{kx} 为:

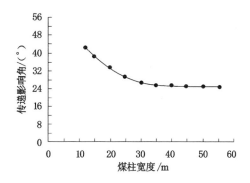

图 5-9 不同煤柱宽度对底板传递影响角变化曲线

$$S_{kx} \geqslant \frac{h_r + M_b}{\sin(90 + \alpha - \delta)} \sin \delta \qquad (5\text{-}17)$$

式中 S_{kx}——巷道与煤柱边缘的水平距离,m;

$\quad\quad h_r$——煤层间岩层厚度,m;

$\quad\quad M_b$——下部煤层厚度,m;

$\quad\quad \alpha$——煤层倾角,(°);

$\quad\quad \delta$——煤柱支承压力传递影响角,(°)。

(3)在煤柱载荷作用下,底板的应力分布具有明显的非均匀特征,底板的应力不均衡显著影响范围主要分布在煤柱到采空区的过渡阶段。对于同一水平截面上的底板而言,离煤柱边缘越近则应力不均衡程度越高,远离煤柱则应力不均衡程度降低,应力分布状态越趋于缓和、均匀。极近距离下部煤层回采巷道即使布置在应力降低区内,也容易出现临煤柱侧顶板和巷帮位移量大于另一侧的现象,在支护中也易发生临煤柱侧棚腿折损、破坏及出现巷道底鼓现象。这也正是非均匀荷载作用导致极近距离下部煤层回采巷道破坏的主要原因之一。

不同煤柱宽度下,下部煤层各应力改变率的极小值位置的数值计算结果见表 5-1,曲线如图 5-10 所示。以煤柱边缘到应力改变率极小值位置的水平距离作为应力不均衡程度的影响范围(S_{sx}),可以看出,应力不均衡程度影响范围随煤柱宽度(L)增加逐渐减小。当 $L \leqslant 30$ m 时,S_{sx} 随 L 增加而衰减幅度较大;当 $L > 30$ m 时,S_{sx} 随 L 增加而衰减缓慢。经回归分析,煤柱宽度(12 m$\leqslant L \leqslant$55 m)与 S_{sx} 的关系见式(5-18),其相关系数为 0.982 6。

$$S_{sx} = -4 \times 10^{-5} L^3 + 0.007\,1 L^2 - 0.409\,9 L + 14.143 \qquad (5\text{-}18)$$

式中 S_{sx}——应力不均衡程度影响范围,m;

$\quad\quad L$——煤柱宽度,m。

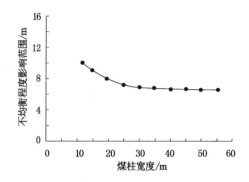

图 5-10　煤柱宽度对下部煤层应力分布不均衡程度的影响范围曲线

5.4　下部煤层回采巷道合理位置的确定方法

由以上分析可知,上部煤层残留煤柱宽度的大小不同,煤柱和围岩的强度与结构不同,所产生的应力集中程度不同,由此造成传递到底板中的应力分布也各异。对于完全处于塑性状态的煤柱,其弹性区的宽度等于零,煤柱承载能力逐渐下降,煤柱所受的压力就会有一部分发生释放而转移,煤柱上的垂直应力集中程度明显降低,相应煤柱在底板煤(岩)层中的影响范围会减小,影响程度也会降低,这对下部煤层巷道布置是有利的。在此条件下,下部煤层回采巷道在进行位置选择时,可不受上部煤层煤柱的影响,根据本煤层的条件确定即可。

对于稳定煤柱,其对底板的应力分布影响很大,底板的应力分布具有明显的非均匀特征:应力集中程度最高的地方均发生在煤柱下方,向采空区发展则应力集中程度迅速降低;对于同一水平面上的底板而言,离煤柱越近则应力不均衡程度越大,远离煤柱则应力不均衡程度变小,应力分布状态越趋于缓和、均匀。一般认为,下部煤层开采时,在上部煤层残留区段煤柱边缘形成一个应力降低区,将下部煤层回采巷道布置在此区域内以避开煤柱应力增高区是合适的,易于维护。但实际上,尽管巷道处于应力降低区内,下部煤层开采时巷道的矿压力显现还是十分明显的,变形和破坏严重,维护十分困难,严重影响着矿井正常生产。由此可见,在受上部煤柱集中载荷作用下布置巷道时,仅简单地考虑避开煤柱支承压力增高区是不够的。为此,本节根据前两节研究结果进一步分析巷道在非均匀应力场中极易变形和破坏的原因,在此基础上对下部煤层回采巷道的合理位置进行研究,提出确定极近距离下部煤层回采巷道合理位置的方法。

5.4.1　非均匀应力状态条件下巷道支护体受力分析

根据前节研究结果,上部煤层采空区煤柱底板各点的应力状态差别较大,为非均匀应力分布。以矩形巷道为例,如图 5-11(a)所示,根据煤矿巷道棚子支架的简支结构特征,构建如图 5-11(b)所示的非对称荷载作用下支架顶梁受力分析模型。其中:顶梁长度为 l;右端载荷集度为 q;λ 为荷载非均匀系数;R_A、R_B 为顶梁的支反力,即左、右两侧棚腿对顶梁的支撑力。

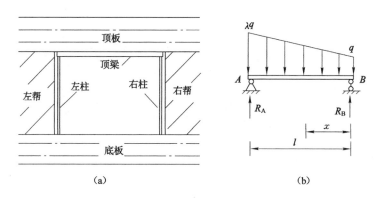

图 5-11　矩形巷道非对称荷载作用下支架顶梁受力分析模型

(1)顶梁均匀荷载作用下受力分析

在均匀荷载作用下,即 $\lambda=1$ 时,顶梁的支反力为:

$$R_A = R_B = \frac{1}{2}ql \tag{5-19}$$

最大弯矩 M_{max} 发生在顶梁 $x=l/2$ 处,$M_{max}=ql^2/8$。

(2)顶梁非均匀荷载作用下受力分析

非均匀荷载作用下,取 $\lambda>1$ 时,由平衡方程可求得顶梁的支反力为:

左侧:

$$R_A = \frac{2\lambda+1}{6}ql \tag{5-20}$$

右侧:

$$R_B = \frac{\lambda+2}{6}ql \tag{5-21}$$

以 B 点为坐标原点,顶梁载荷集度 $q(x)$ 可表示为:

$$q(x) = \frac{1-\lambda}{l}qx - q \tag{5-22}$$

顶梁弯矩 $M(x)$ 为:

$$M(x) = \frac{\lambda+2}{6}qlx - \frac{1}{2}qx^2 - \frac{\lambda-1}{6l}qx^3 \tag{5-23}$$

由式(5-23)取 $\dfrac{\mathrm{d}M(x)}{\mathrm{d}x}=0$，求得弯矩 $M(x)$ 极值点为：

$$x = \frac{1 \pm \sqrt{\dfrac{\lambda^2+\lambda+1}{3}}}{1-\lambda}l \tag{5-24}$$

负值舍去，最大弯矩 M_{max} 发生在顶梁 $x=\dfrac{\sqrt{\dfrac{\lambda^2+\lambda+1}{3}}-1}{\lambda-1}l$ 处，则 M_{max} 为：

$$M_{max} = ql^2\left[\frac{(\lambda+2)A'}{6} - \frac{A'^2}{2} - \frac{(\lambda-1)A'^3}{6}\right] \tag{5-25}$$

式中：

$$A' = \frac{\sqrt{\dfrac{\lambda^2+\lambda+1}{3}}-1}{\lambda-1}$$

设顶梁总荷载为 Q，则：

$$q = \frac{2Q}{(\lambda+1)l} \tag{5-26}$$

根据式(5-25)和式(5-26)，顶梁最大弯矩 M_{max} 可表示为：

$$M_{max} = \frac{2Ql}{\lambda+1}\left[\frac{(\lambda+2)A'}{6} - \frac{A'^2}{2} - \frac{(\lambda-1)A'^3}{6}\right] \tag{5-27}$$

根据式(5-27)，绘出 $\lambda(\lambda>1)$ 与顶梁最大弯矩 M_{max} 关系曲线如 5-12 所示。

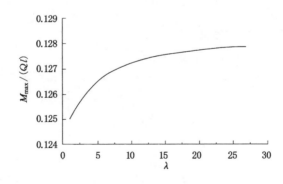

图 5-12　λ-M_{max} 关系曲线

棚腿对顶梁的支撑力分别为：

左侧：

$$R_A = \frac{Q(2\lambda+1)}{3(\lambda+1)} \tag{5-28}$$

右侧：

$$R_B = \frac{Q(\lambda+2)}{3(\lambda+1)} \tag{5-29}$$

根据式(5-28)和式(5-29)，绘出 $\lambda(\lambda>1)$ 与左、右棚腿对顶梁的支撑力关系曲线如图 5-13 所示。

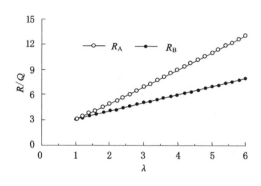

图 5-13　λ-R 关系曲线

由图 5-12 和式 5-13 可以看出，在顶梁总荷载 Q 一定时，λ 与 M_{max} 成正变关系，随着 λ 的增大，M_{max} 增加，且顶梁左、右两棚腿受力不均匀。因此，在非均匀荷载作用下，支护体结构更易出现局部过载，产生局部破坏，最终可能导致支护体结构失稳。工程实践情况表明，极近距离下部煤层回采巷道即使布置在应力降低区内，也容易出现煤柱侧顶板和巷帮位移量大于另一侧的现象，在支护中也易发生临煤柱侧棚腿折损、破坏及出现巷道底鼓现象。这也正是非均匀荷载作用导致极近距离下部煤层回采巷道破坏的主要原因之一。

5.4.2　稳定煤柱下回采巷道合理位置的确定

矿压显现是客观的自然现象，企图在开采过程中完全消除矿压显现是不可能的。然而在了解矿压显现机制和掌握其显现规律的基础上，设法避免或减轻其危害是可能的。

对于同一水平截面上的底板而言，离煤柱越近则应力不均衡程度越大，离煤柱越远则应力不均衡程度越小，应力分布状态越趋于缓和、均匀。根据 5.4.1 节分析结果，巷道布置在应力不均衡程度越小处，支架受力状态更合理，巷道更易于维护。因此，为了减轻巷道受压和改善巷道维护状况，在确定极近距离下部煤层巷道的合理位置时，不但要考虑将巷道尽可能布置在采空区下方的应力降低区内,而且应考虑煤柱底板应力场的不均衡程度对支护结构的影响。

采用应力改变率 K 来衡量其不均衡程度,即:

$$K = \left| \frac{\mathrm{d}\sigma(x)}{\mathrm{d}x} \right| \qquad (5\text{-}30)$$

式中:$\sigma(x)$ 为某一水平面上底板中的应力分布函数;x 为应力计算点距煤柱边缘的水平距离。

由式(5-30)可知,如果 K 值较小,则说明该处应力状态不均衡程度较小。据此函数可得到各应力状态改变率的极值 $K_{\min}$,进而可以确定各应力状态改变率的极值位置,综合应力改变率的极小值位置即可确定煤柱集中载荷作用下应力不均衡程度的影响范围(S_{sx})。煤柱宽度(L)与 S_{sx} 的关系见式(5-18)。

综合以上分析,可最终确定稳定煤柱载荷下极近距离下部煤层回采巷道合理位置为:

$$S_x = \max\{S_{kx}, S_{sx}\} \qquad (5\text{-}31)$$

式中,S_x 为下部煤层回采巷道距煤柱边缘的水平距离,S_{kx}、S_{sx} 可分别由式(5-17)和式(5-18)确定。

5.4.3 下部煤层回采巷道合理布置形式

通过上述理论分析和数值模拟,下部煤层巷道布置有以下形式。

(1) 两层极近距离下部煤层巷道布置形式。

① 当煤柱宽度 $L \leqslant 2x_0$ 时,煤柱整体进入塑性状态,煤柱的垂直应力集中程度明显降低。巷道可采用外错式、内错式和重叠式布置形式。

② 当上部煤柱宽度在 $2x_0 \leqslant L \leqslant B$ 范围内时,煤柱虽不能形成稳定煤柱,但整体未完全进入塑性状态,可采用内错式或重叠式布置形式。

③ 当上部煤层的煤柱宽度 $L > B$ 时,能够形成稳定煤柱,其传递的集中载荷在底板形成较大范围的应力增高区。巷道布置宜采用内错式布置形式,内错距离由式(5-31)确定。

(2) 存在上、中、下三个层位的极近距离煤层群下部煤层巷道布置形式。

① 当上部煤层煤柱宽度 $L \leqslant 2x_0'$ 时,煤柱整体进入塑性状态,煤柱的垂直应力集中程度明显降低。巷道可采用外错式、内错式和重叠式布置形式。

② 当上部煤层煤柱宽度在 $2x_0' \leqslant L \leqslant B'$ 范围内时,煤柱虽不能形成稳定煤柱,但整体未完全进入塑性状态,可采用内错式或重叠式布置形式。

③ 当上部煤层煤柱宽度为 $L \geqslant B'$ 时,能够形成稳定煤柱,其传递的集中载荷在底板形成较大范围的应力增高区。巷道布置宜采用内错式布置形式。

根据 5.2.4 节塑性煤柱临界宽度实例计算结果,大同矿区极近距离煤层巷道布置形式如下：

① 两层极近距离下部煤层巷道布置形式。当煤柱宽度小于 6 m 时，可以采用外错式、内错式和重叠式巷道布置形式；当上部煤柱宽度在 6～9 m 范围内时，可以采用内错式或重叠式布置形式；当上部煤层的煤柱宽度大于 9 m 时，宜采用内错式布置形式。

② 存在上、中、下三个层位的极近距离煤层群下部煤层巷道布置形式。当上部煤层开采的煤柱宽度小于 18 m 时，第三层煤层可采用外错式、内错式和重叠式巷道布置形式；当上部煤层开采的煤柱宽度在 18～36 m 内时，第三层煤层可采用内错式或重叠式巷道布置形式；当上部煤层开采的煤柱宽度在 36 m 以上时，下部煤层开采时巷道宜采用内错式布置形式。

5.5　工程实践

5.5.1　开采状况

同煤集团四台煤矿 404 盘区上部 $10^\#$ 煤层（简称上部煤层）与下部 $11^\#$～$12^{-1\#}$ 合并煤层（简称下部煤层）层间距大部分为 0.4～3.0 m，为极近距离煤层。上部煤层平均厚度为 1.92 m，倾角为 0～8°；下部煤层平均厚度为 4.38 m，煤层倾角为 1°～6°。404 盘区煤层及其顶、底板岩层综合柱状如图 3-7 所示。上、下煤层均采用长壁开采，全部垮落法管理顶板。上部煤层于 2001 年底回采结束。2003 年 5 月开始对下部煤层回采，下部煤层工作面回采巷道采用内错式布置形式，沿下部煤层底板掘进，留顶煤，巷道断面尺寸为 3.6 m×2.8 m，采用锚杆、工字钢及 2.0 m 短锚索联合支护。其中下部煤层 8421、8423、8425、8427 工作面上部煤柱宽度均为 12 m；8429 工作面上部煤柱宽度为 25 m。

现场实际 404 盘区工作面巷道布置方式如图 5-14 所示。

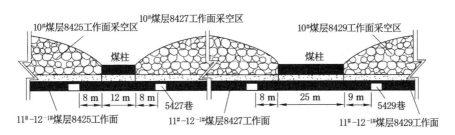

图 5-14　404 盘区工作面巷道布置方式

5.5.2 巷道合理位置确定

图 5-15 为 404 盘区上部煤层煤柱宽度分别为 12 m 和 25 m 时底板岩层垂直应力集中系数等值线分布图;图 5-16 为下部煤层中应力分布曲线。

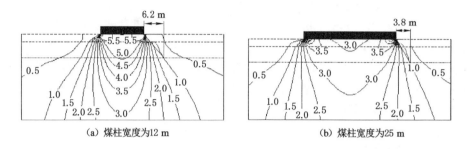

图 5-15　不同煤柱宽度时底板岩层垂直应力集中系数等值线分布图

根据图 5-15,在下部煤层水平面上,煤柱宽度为 12 m 时应力降低区($k \leqslant 1$)距煤柱边缘水平距离为 6.2 m,传递影响角为 42.5°;煤柱宽度为 25 m 时应力降低区距煤柱水平距离为 3.8 m,传递影响角为 29.3°。若单独考虑将下部煤层回采巷道布置在应力降低区内,当煤柱宽度为 12 m 时,巷道内错距离只要大于 6.2 m就可以,当煤柱宽度为 25 m 时,巷道内错距离只要大于 3.8 m 就可以。

根据 5.4 节的研究结果,为了减轻巷道受压和改善巷道维护状况,在确定极近距离下部煤层巷道的合理位置时,不但要考虑将巷道尽可能布置在采空区下方的应力降低区内,而且应考虑煤柱底板应力场的不均衡程度对支护结构的影响。结合图 5-15 和图 5-16 确定四台煤矿 404 盘区极近距离下部煤层回采巷道合理位置应为:当上部煤层煤柱宽度为 12 m 时,内错距离应大于 10 m;当上部煤柱宽度为 25 m 时,内错距离应大于 7.5 m。

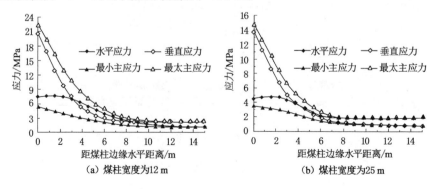

图 5-16　下部煤层中应力分布曲线

5.5.3　现场观测结果对比分析

四台煤矿下部煤层 8421、8423、8425、8427 工作面上部煤柱为 12 m,主要以避开煤柱支承压力增高区来确定下部煤层回采巷道位置,由以上分析巷道内错距离只要大于 6.2 m 就可以。实践表明,即使内错 8 m,巷道在掘进和回采期间支架折损破坏严重,断面缩小,工字钢顶梁严重变形,经多次卧底才能维持工作面生产。由此可见,在受上部煤柱集中载荷作用下布置巷道时,仅简单地考虑避开煤柱支承压力增高区是不够的。

基于前几个工作面的开采经验,下部煤层 8429 工作面 5429 巷很可能受邻近 8427 工作面采动影响,根据 5.4 节研究结果最终确定内错距离为 9 m(见图 5-16)。实践表明,5429 巷从掘进到报废的整个服务期间,巷道断面无明显变形,维护状况很好。

由于在本书确定巷道合理布置方法之前,8427 工作面已经按原有布置方式掘进完成,故仅能在 5429 巷进行试验。虽然煤柱宽度不同,但仍可以根据现场观测结果对 5.4 节研究结果进行验证。下面对 8427 工作面 5427 巷和 8429 工作面 5429 巷根据现场观测结果进行对比分析。

(1) 5427 巷观测结果

下部煤层 8427 工作面 5427 巷在掘进和邻近工作面(8425 工作面)回采期间,顶板压力显现十分明显,在此期间巷道顶底板的移近量达 924 mm,移近速度平均为 20 mm/d,最大达 50 mm/d。巷道变形严重,经过卧底、刷帮,棚距由 0.8 m 改为 0.4 m,并在压弯的顶梁下支设单体液压支柱,当 8425 工作面推过 540 m 后,巷道才趋于稳定。

(2) 5429 巷观测结果

下部煤层 8429 工作面 5429 巷在 8427 工作面回采期间,5429 巷已准备完成。实践证明,5429 巷受邻近 8427 工作面采动影响很小,故把原定作为轨道巷的 5429 巷改为运输巷。该巷从掘进到报废的整个服务期间,巷道断面无明显变形,维护状况很好。实测结果表明,5429 巷受邻近工作面(8427 工作面)采动影响距离为工作面前后 20 m 范围内,在此期间顶底板移近量仅为 22.5 mm,移近速度平均为 3.2 mm/d;之后巷道稳定,几乎观测不到变形。

8427 工作面 5427 巷与 5429 巷顶底板移近量实测曲线如图 5-17 所示,回采期间两巷变形破坏情况如图 5-18 所示。由此可见,采用本书所提出的方法进行巷道布置是可行的。

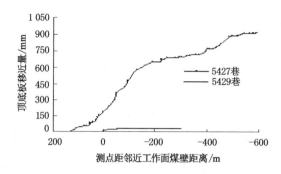

图 5-17　巷道顶底板移近量实测曲线

(a) 5427巷支护状况　　　　　　　　(b) 5429巷支护状况

图 5-18　5427 巷与 5429 巷变形破坏情况

5.6　本章小结

本章运用理论分析和数值模拟的方法,通过在对煤柱稳定性分析和煤柱载荷在底板煤(岩)层中的非均匀应力分布规律的研究基础上,分析了巷道在非均匀应力场中,极易变形和破坏的原因,进而对极近距离下部煤层回采巷道的合理位置进行了探讨,提出了极近距离下部煤层回采巷道的合理位置确定方法。主要结论归纳如下:

(1)通过理论分析确定上部煤层开采塑性煤柱和稳定煤柱的宽度,为进一步分析煤柱向底板传递应力分布规律提供理论基础。

① 两层极近距离煤层上部煤层稳定煤柱的最小宽度为:

$$B = \frac{M}{\xi f} \ln \frac{K\gamma H + C\cot\varphi}{\xi(p_i + C\cot\varphi)} + (1 \sim 2)M$$

②　对于存在上、中、下三个层位的极近距离煤层群上部煤层稳定煤柱的最小宽度为：

$$B' = \frac{M_u + h_r + M_m}{\xi f} \ln \frac{K\gamma H + C\cot\varphi}{\xi(p_i + C\cot\varphi)} + (1 \sim 2)(M_u + h_r + M_m)$$

（2）运用理论和数值模拟分析了煤柱载荷作用下底板岩层应力分布规律，为极近距离下部煤层开采巷道合理位置确定提供科学依据。

①　对于塑性煤柱，煤柱的稳定性大大降低，煤柱的承载能力将会发生改变，相应向底板煤（岩）体传递应力的集中程度明显降低。

②　对于稳定煤柱，在煤柱载荷作用下底板煤（岩）层内的应力分布呈扩展状态。在煤柱下方形成应力增高区，向采空区发展应力逐渐减小，距上部煤柱边缘一定距离则形成应力降低区；在煤柱载荷作用下，底板的应力分布具有明显的非均匀分布特征，对于同一水平截面上的底板而言，离煤柱边缘越近则应力不均衡程度越大，离煤柱边缘越远则应力分布状态越趋于缓和、均匀，即应力不均衡程度变小。应力不均衡程度采用应力改变率 K 来衡量 $\left[K = \left|\dfrac{\mathrm{d}\sigma(x)}{\mathrm{d}x}\right|\right]$。$K$ 较小时，则说明该处应力状态不均衡程度较小。

（3）构建了非对称荷载作用下支架顶梁受力分析模型。通过对非均匀应力状态件下巷道支护体受力分析，揭示了在非均匀荷载作用下，巷道支护体结构更易出现局部过载，产生局部破坏，最终可能导致支护体结构失稳的原因。提出了在确定稳定煤柱载荷作用下极近距离下部煤层巷道的合理位置时，不但要考虑将巷道尽可能布置在采空区下方的应力降低区内，而且应考虑煤柱底板应力场的不均衡程度对支护结构影响。其合理位置为：

$$S_x = \max\{S_{kx}, S_{sx}\}$$

（4）通过上述理论分析和数值模拟，确定极近距离下部煤层回采巷道合理布置形式：

①　两层极近距离下部煤层巷道布置形式

a. 当煤柱宽度 $L \leqslant 2x_0$ 时，可采用外错式、内错式和重叠式巷道布置形式；

b. 当上部煤柱宽度在 $2x_0 \leqslant L \leqslant B$ 范围内时，可采用内错式或重叠式布置形式；

c. 当上部煤层的煤柱宽度 $L > B$ 时，宜采用内错式布置形式，内错距离由式（5-31）确定。

②　存在上、中、下三个层位的极近距离煤层群下部煤层巷道布置形式

a. 当上部煤层煤柱宽度 $L \leqslant 2x_0'$ 时，可采用外错式、内错式和重叠式巷道布置形式。

b. 当上部煤层煤柱宽度在 $2x_0' \leqslant L \leqslant B'$ 范围内,可采用内错式或重叠式布置形式。

c. 当上部煤层煤柱宽度为 $L \geqslant B'$ 时,宜采用内错式布置形式。

(5) 工程实践表明,本书所提出的确定极近距离下部煤层回采巷道合理位置的方法是可行的。

第 6 章　极近距离下部煤层开采辅助技术研究

6.1　下部煤层巷道顶板加固及漏顶充填技术

极近距离下部煤层受上部煤层回采影响,下部煤层回采巷道顶板较为破碎,围岩的强度降低,且受上部煤层残留的区段煤柱载荷影响,巷道围岩应力场具有非均衡分布特征,支架顶梁受力不均匀。巷道极易发生顶板冒漏事故,冒漏区也易积聚瓦斯,严重影响巷道的掘进和安全生产。因此,对极近距离下部煤层回采巷道破碎及冒漏严重区域,宜采用注浆加固及漏顶充填。

6.1.1　注浆材料选择原则

目前,国内外用于注浆加固的材料种类很多,按材料的性质不同主要分为两类:颗粒型浆材和溶液型浆材。应根据注浆的目的、浆材性质及造价等因素,选择适宜的浆材及浆液配比。

典型的颗粒型硅酸盐类水泥浆材具有结石强度高、耐久性好、材料来源丰富、工艺设备简单、成本低、注浆设备品种齐全等特点,所以在各类工程中得到广泛应用。但这种浆材容易离析和沉淀、稳定性较差,并且由于其颗粒度大,使浆液难以注入岩层的细小裂隙或孔隙中,扩散半径较小,凝结时间不易控制。因此,这种浆材适用于要求强度高,松散、离层明显的破碎体加固。

化学浆液可注性好,能注入土层中的细小裂隙或孔隙。但目前常用的化学浆液性能差异大,用于永久性工程加固的化学材料必须具有较高的结石体强度,以提高加固后的围岩抗变形能力。具备此类性能的化学材料种类有限,包括环氧类和高分子化学类注浆材料,大量使用将直接导致工程成本大量增加。

6.1.2　下部煤层巷道顶板加固效果分析

四台煤矿 404 盘区 11# 煤层 8423 工作面与上覆 10# 煤层间距仅有 $0.4 \sim 3.0$ m,属于极近距离煤层开采。10#、11# 煤层上、下工作面内错 8 m,其上覆 10# 煤层已部分回采,从 $440 \sim 1\,000$ m 段为上部 10# 煤层采空区。8423 工作面的 2423 巷道在 10# 煤层采空区下掘进的过程中,采用留设 11# 煤层顶煤的方式进行巷道掘进,巷道支护方式采用锚网和工字钢棚的联合支护方式,当巷道掘进至 11# 煤层采空区下 20 m 后,所留设的顶煤由于节理裂隙发育,整体性差,顶煤边掘边冒,冒顶区甲烷浓度超限,一般为 3‰～12‰。能留住顶煤处,由于顶煤已破碎,托于工字钢梁上方,锚杆托板压烂,锚杆螺帽压飞,锚杆杆体被拉断,工字钢棚梁严重变形,两帮移进量增大 400～600 mm、底鼓量增大 300～500 mm。

为了继续掘进巷道并保证安全生产,将施工工艺改变为:预注 ϕ29 mm 钢筋进行超前支护,缩小锚杆间距至 0.5 m,每排 4 根,棚距由 0.8 m 缩小为 0.5 m。虽然有效地减小了冒顶高度,巷道矿山压力显现仍较为明显。因此在冒顶区采用工字钢棚上架设密集木垛接顶(木垛高度为 1.5～1.7 m),风筒外接风袖至冒顶区吹散瓦斯等措施来治理瓦斯积聚,但是瓦斯浓度仍在 3‰～6‰。

上述技术措施施工工艺烦琐,支护工作量大,不但严重影响巷道的掘进速度,而且效果很不明显。鉴于此,采用马丽散注浆技术对破碎煤(岩)体进行固化,提高其整体承载能力,确保工作面安全高效生产。

在 2423 巷的 735～934 m 段采用马丽散进行顶板的超前加固,共加固巷道长度为 129 m,使用封孔器 85 个,马丽散产品 5.6 t,4″钢管 400 m。通过使用马丽散超前加固及漏顶充填技术,保证了巷道的安全掘进,降低了巷道的重复维护量,减轻了工人的劳动强度。

6.2 回采巷道的断面形状与合理支护参数

6.2.1 大同矿区极近距离下部煤层巷道支护

大同矿区极近距离下部煤层开采实践表明,由于下部煤层顶板受上部煤采动损伤破坏影响,回采巷道的断面形状以矩形为首选,不宜采用正梯形。当两帮煤体破碎、片帮严重时,可以采用倒梯形断面。结合现场实践,当上、下煤层层间距在 1.5 m 以内时,顶板完整性遭到严重破坏,如果下部煤层的回采巷道布置在上部煤层采空区下,顶板过于破碎或没有足够厚度的被加固岩层,巷道顶板只能采用棚式支架进行支护。支护材料选用 11# 矿用工字钢,棚梁与棚腿的尺寸依巷道具体空间大小而定,棚间距控制在 0.8～1.2 m 范围内。

层间距在 1.5～6 m 的极近距离煤层回采巷道支护的具体参数如下。

(1)顶板:锚杆＋金属网＋W 钢带

锚固方式与锚固剂:全长或半长锚固方式,锚固剂为树脂药卷,药卷规格为 ϕ25 mm×500 mm。

锚杆：ϕ20 mm 高强度无纵筋左旋螺纹钢,选择锚杆长度要求锚杆长要小于层间距厚度 0.3 m,否则锚杆孔易"穿通"顶板,不易锚固锚杆,并且上下层漏、跑风,更增加安全隐患因素。

托板：W 钢带安装与使用相匹配。

W 钢带：材质为 A3 钢,厚 3 mm、宽 250 mm。

金属网：普通菱形金属网。

锚杆布置参数：间距×排距＝700 mm×1 000 mm。

初锚力：不低于 5 t。

王村煤矿使用的锚杆有三种规格：1.3 m、1.5 m、1.7 m。

(2)两帮：锚杆＋金属网

锚固方式与锚固剂：端头锚固方式,锚固剂为中速水泥药卷,药卷规格为ϕ25 mm×400 mm。

外帮锚杆：ϕ20 mm 普通螺纹钢,全长为 1.6 m,内锚固段长 400 mm,外露段长 50 mm。

内帮锚杆：ϕ20 mm 可回收锚杆。

托板：200 mm×350 mm×50 mm 木质托板。

金属网：普通菱形金属网。

锚杆布置参数：间距×排距＝600×1000 mm。

初锚力：不低于 3 t。

根据围岩条件,可以用锚索对顶板进行补强,锚索为 ϕ15.27 mm 高强度钢绞线,一般长度为 4~6 m,在层间距较小时,可采用 2.0 m 短锚索。

对于巷道围岩过于破碎的情况,由于矿压显现剧烈,应考虑采用架棚子与锚杆、锚索联合支护方式,以提高围岩的安全系数,具体的支护参数参照上述给出的数据综合使用。

6.2.2 开拓煤业极近距离下部煤层巷道支护

开拓煤业批准开采 2#、3# 煤层,其中 2# 煤层平均厚度为 2.12 m,3# 煤层平均厚度为 1.93 m。2#、3# 煤层层间距为 0.30~6.39 m,平均为 4.22 m,层间岩性为黑色泥岩,局部相变为砂质泥岩。2#、3# 煤层属于典型的近距离煤层。2# 煤层为整合前的小窑开采,采空区形状很不规则,残留煤柱多,导致下部 3# 煤层开采困难。2# 煤层顶板主要为泥岩、细粒砂岩、粉砂岩及砂质泥岩;3# 煤层底板为泥岩、砂质泥岩及中粒砂岩。

回采巷道的断面形状设计采用正梯形断面,上顶宽度为 3.8 m,下底宽度为 4.8 m,巷高为 2.6 m。结合现场实践,巷道采用 11# 工字钢对棚＋金属网＋锚杆(索)联合支护。顶板为 2# 实体煤或煤柱下采用锚杆、锚索补强；采空区下方当顶板层间距小于 1.4 m 时，取消锚杆支护；当层间距大于 1.4 m 且小于 2.0 m 时，打设 1.4 m 长锚杆；当层间距大于 2.0 m 时，打设 2.0 m 长锚杆。具体参数如下。

(1) 工字钢棚

工字钢棚采用架双棚(对棚)支护。

① 棚梁、棚腿采用 11# 工字钢，顶梁长度为 3 800 mm，棚腿长度为 2 800 mm。柱窝必须在实底上，柱窝深度为 200 mm(误差为 ±50 mm)，为防止巷道围岩应力影响两帮变形，两帮棚腿至煤墙预留一定的安全距离，预留间距控制在 300 mm 以内。

② 棚梁与棚腿必须搭接牢固，无歪扭现象，每棚接顶刹杆为六根，从梁的端头 0.15 m 处开始，间距为 0.7 m 依次布置(顶板破碎时可适当多上些刹杆或用道板接顶)，刹杆与棚梁接触面采用木刹打紧背实。

刹杆规格为 1 200 mm×70 mm×40 mm；木刹规格为 300 mm×60 mm×40 mm；道板规格为 1 200 mm×120 mm×120 mm。

③ 棚与棚之间采用铁拉钩连接，两棚之间采用四个铁拉钩，梁上上两个铁拉钩，每帮棚腿上一个铁拉钩。

④ 支护棚距(中对中)为 0.9 m(使用 0.8 m 铁拉钩连接)，工作面最大控顶距不得超过 1.1 m，在未进行支护前临时支护必须及时前移，以确保迎头工作人员安全。

(2) 金属网

顶网片规格：采用菱形网护顶，网孔规格为 50 mm×50 mm，网片规格为 4 200 mm×1 000 mm，网片搭接 200 mm，用 16# 铁丝连接，双丝双扣，孔孔相连。

帮网片规格：外帮采用菱形网，网孔规格为 50 mm×50 mm，网片规格为 2 600 mm×1 000 mm，网片搭接 200 mm，用 16# 铁丝连接，双丝双扣，孔孔相连；内帮(回采帮)采用阻燃尼龙网，网孔规格为 40 mm×40 mm，网片规格为 2 500 mm×1 000 mm，网片搭接 200 mm，用 16# 铁丝连接，双丝双扣，尼龙网联网间距不小于 200 mm。

(3) 顶锚杆

锚杆规格型号：MSGLW-335/20-2 000 mm 左旋无纵筋螺纹钢(实体煤、煤柱下或顶板层间距大于 2.0 m)；MSGLW-335/20-1 400 mm 左旋无纵筋螺纹钢(顶板层间距大于 1.4 m 且小于 2.0 m)。

锚杆锚固方式：采用一支 MSK-2335 型(在上)和一支 MSZ-2360 型(在下)

树脂药卷进行锚固,锚固方式为加长锚固,锚杆锚固长度为 1.3 m。

锚杆预紧力矩:不小于 300 N·m。

锚杆锚固力:不小于 100 kN。

托盘:采用拱形金属托盘,尺寸为 120 mm×120 mm×10 mm,拱高不低于 36 mm,承载力不小于 300 kN。

钢带规格:ϕ12 mm 圆钢,长度为 3 800 mm。

锚杆布置:顶部每排布置 5 根,间排距为 900 mm×900 mm,靠近帮的顶锚杆距帮 100 mm。

锚杆角度:与顶板垂直。

(4) 顶锚索(加强支护)

锚索形式和规格:采用型号为 SKP17.8-6 300 mm 的低松弛预应力钢绞线,长度为 6 300 mm。

锚索布置:每排布置一根,以巷道中心线向左、右两侧各 1.0 m 间距迈步式布置,排距为 0.9 m。

锚索锚固方式:采用一支 MSK-2335 型(在上)和两支 MSZ-2360 型(在下)树脂药卷进行锚固,锚固方式为加长锚固,锚固长度为 1.76 m。

锚索托盘:尺寸为 300 mm×300 mm×12 mm 的拱形托盘及配套锁具。

锚索预紧力:不低于 150 kN。

锚索锚固力:大于 300 kN。

在局部顶板为 2# 实体煤和煤柱下时,需打设锚索补强支护。如顶板破碎压力较大或过异常地质构造时,锚索每排布置两根,以巷道中心线向左、右两侧各 1.0 m 间距均匀布置,排距为 0.9 m。

(5) 帮锚杆

锚杆规格型号:MSGLW-335/20-2 000 mm 左旋无纵筋螺纹钢。

锚杆锚固方式:采用一支 MSK-2335 型(在上)和一支 MSZ-2360 型(在下)树脂药卷进行锚固,锚固方式为加长锚固,锚固长度为 1.3 m。

锚杆预紧力矩:不小于 300 N·m。

锚杆锚固力:不小于 100 kN。

托盘:采用拱形金属托盘,尺寸为 120 mm×120 mm×10 mm,拱高不低于 36 mm,承载力不小于 300 kN。

钢带规格:ϕ12-3-80-2 300 mm。

锚杆布置:顶部每排布置 3 根,间排距为 1 000 mm×900 mm,起锚高度为 300 mm,靠近顶板的 1 根帮锚杆距顶板 300 mm。

锚杆角度:与巷帮垂直。

（备注：在掘进期间，如遇构造、淋水顶帮破碎压力较大等特殊地段，必须及时缩小棚距或补打锚杆、锚索等加强支护。）

6.3　工作面初末采空间控制及工艺

以同煤集团王村煤矿 $12^{-1#}$ 煤层开采条件为例，王村煤矿 $12^{-1#}$ 煤层距上部 $11^{-2#}$ 煤层（已采空）层间距为 $2.06\sim8.69$ m，平均为 4.45 m。$12^{-1#}$ 煤层采煤工作面主要配套设备有 ZY5000/14/23 型液压支架、MG-375 型采煤机和 SGZ-764/400 型刮板输送机。

（1）工作面初末采位置确定

工作面初末采的关键在于开切眼与停采线位置的选择。上部煤层开采后，下部煤层工作面开切眼与停采线的位置选取分别有两种，如图 6-1 所示。

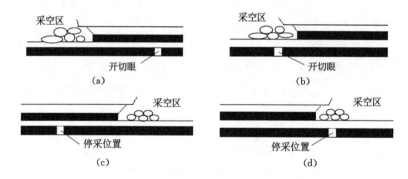

图 6-1　开切眼及停采线的位置选择

根据开采边界情况，开切眼的位置相对上部煤层采空区边界可以选择外错［图 6-1(a)］或内错布置［图 6-1(b)］，开切眼的大小由设备布置要求决定。开切眼外错布置时，外错距离应大于上部煤层采空区支承压力影响距离，工作面在接近上部煤层采空区边界 30 m 之前调斜推进，以避免顶板大面积同时遭受上部煤层采空区形成的支承压力作用；开切眼内错布置时，内错距离一般不小于 7 m。

停采位置类似于开切眼布置方式，可选择外错布置［图 6-1(c)］或内错布置［图 6-1(d)］。停采空间的维护依停采位置的不同可参照相应开切眼的围岩支护方式进行。如果停采位置为外错方式，要求工作面出上部煤层采空区边界时调斜推进，推进距离控制在 $25\sim30$ m 左右，随后根据顶板稳定情况确定停采位置并进行停采后撤架空间维护。内错停采时，停采线控制在距离上层采空区边界 7 m 范围为宜，此前工作面按正常方式推进。

（2）开切眼施工及支护方式的选择

工作面切眼巷断面均为二次成巷一次成形,工艺为机掘,切眼支护断面如图 6-2 所示。

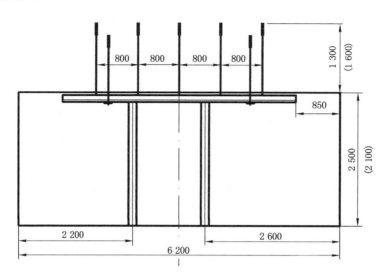

图 6-2　工作面切眼支护断面图

外错布置时,开切眼围岩控制可选锚网辅以锚索补强支护方式,支护参数根据锚杆支护理论和围岩条件确定;内错布置时,根据顶板厚度情况,开切眼围岩可采用锚网辅以锚索补强支护或架棚支护方式。

王村煤矿 $12^{-1\#}$ 煤层开采时,开切眼采用内错布置。其支护方式为锚杆,吊挂钢梁,配液压单体支柱联合支护,梁距为 800 mm,如图 6-2 所示。另外,钢梁用 3 根锚杆进行了吊挂,这样相当于一条整体钢带制约了顶板的弯曲下沉,增强了顶板表面岩层的抗拉强度,大大增强了顶板的抗弯能力。

（3）切眼端头支护及支架卸车方法

切眼巷在工作面准备期间,由于两端头空顶面积大,作业人员出入频繁,所以成为切眼施工时的重点防范地带,经过对多种支护方案的论证,切眼尾端头采用如图 6-3 所示的支护方式。该支护方式是在原锚杆支护的基础上采取的一种可拆性加强支护,命名为"整体刚性框架支护",钢梁材质为 11# 矿用工字钢,抬棚用锚杆吊挂在顶板岩层上并用木柱支护,保证了安全可靠的卸车空间。

（4）工作面生产准备工作

在工作面巷道工程全部结束并形成泄压通风系统后,即可进行准备工作。首先在工作面轨道巷进行钉道工作,并与运输巷稳设胶带平行作业,切眼内钉临

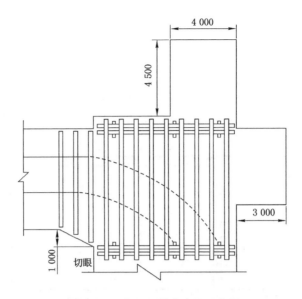

图 6-3　工作面尾端头支护示意图

时轨道,开始铺设工作面刮板输送机,此项工作结束之后,便进入稳装支架工序。支架由轨道平巷每隔 300 m 的两部对拉 JD-11.4 型调度绞车牵引,支架摆设方法如图 6-4 所示。

由调度绞车 D 运架至卸车坑之后,用回柱车 B 拉架同时由回柱车 C 把平板车限位,支架卸车后,由 3 台回柱车调向摆架。从工作面准备速度来评价,每个原班平均能稳设 8~10 个支架,准备速度较快。

工作面准备期间,在轨道平巷内距切眼 15 m 设有一处 40 m 长的大断面存车场 5 m×2.6 m(宽×高),加快了运架平板车的循环时间,保证了准备速度。

在现场管理上,重点是切眼巷两口的顶板管理,起吊重物时均架设起重钢梁棚,不允许在原巷道支护的棚梁上起重或挂导向轮;不准回撤或拉倒任何设计中规定的棚腿。

(5) 停采期间的工作面机道维护

① 顶板维护

工作面机道维护应根据工作面顶板厚度、岩性、采高、支架特性等因素综合考虑,通常工作面停采机道维护采用在每个支架顶梁前端插木梁的方法,并在机道顶板打锚杆,排距×间距=0.7 m×1.5 m,机道宽度为 2.5 m。

在煤层顶板较为破碎条件下,机道维护可采取在支架顶梁前端插 11# 矿用工字钢的方法,并打锚杆,机道宽度为 2.5 m,如图 6-5 所示。

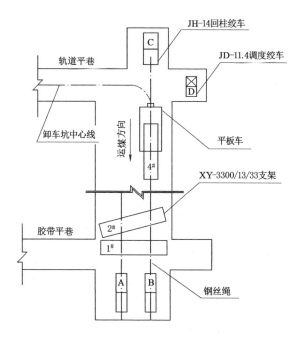

图 6-4　工作面稳定支架方法

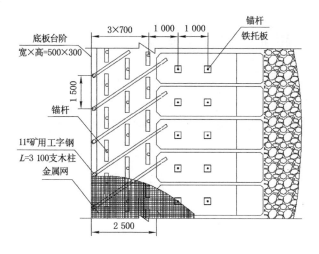

图 6-5　工作面停采机道支护

② 工作面停采端头支护

支护方法为:采用 11# 矿用工字钢矩形结构抬棚,抬棚必须用锚杆吊挂,三角区支设单体液压支柱,如图 6-6 所示。

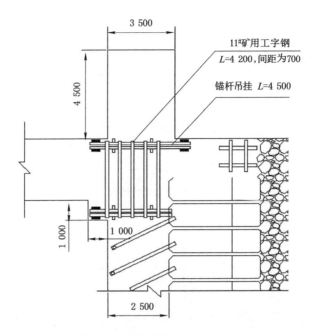

图 6-6　工作面停采端头支护

6.4　工作面超前支护方式及参数

　　极近距离下部煤层开采时,根据不同的平巷布置方式,超前支护的强度也有所不同。平巷内错布置时,工作面端头顶板压力最小,在原来的平巷支护基础上,每隔 1 m 增加一排(支护断面内两个)点柱对顶板进行加强支护即可,超前支护距离一般可以控制在 15 m 左右;平巷重叠或外错布置时,由于端头区域的顶板处于上层煤柱传递的压力影响范围内,压力明显升高,此时的超前支护强度需要增强,支护密度应为平巷内错布置时的 2 倍,点柱的排距应减小至 0.5 m,超前支护距离也扩大至 20～25 m 范围。

6.5　下部煤层开采的安全保障

6.5.1　工作面局部通风机泄压通风

　　大同矿区各煤层都有煤尘爆炸性和自然发火倾向,自然发火期为 6～12 个月,部分矿井为低瓦斯矿井,部分矿井为高瓦斯矿井。由于上部煤层已采出且煤层层间距很小,下部煤层开采时极易与上部煤层采空区沟通,特别是井田周围小煤窑较多,对井田的采掘布局破坏严重,导致矿井通风系统紊乱,通风网络复杂多变,尤其是采煤工作面,无法形成正常的全风压通风系统,造成有毒有害气体侵入,严重威胁到矿井的安全生产。因此,如何有效地保障矿井通风,是极近距离煤层开采安全保障技术难题。

在矿井通风系统正常的情况下(即没有遭到小煤窑破坏),采用长壁后退顶板垮落采煤方法的采煤工作面一般采用 U 型通风方式,即工作面一条平巷用于进风,另一条平巷用于回风,在矿井全风压的作用下,工作面风量充足,通风系统稳定可靠,完全能够保证工作面安全生产的需要。如王村煤矿矿井通风方式为中央混合式,两个进风井(左坡沟进风井、辅助进风井),两个回风井(左坡沟回风井、西风井),主要通风机工作方式为压入式,进风井安装两台主要通风机,一台运转一台备用,型号均为 2K60 型,矿井总风量为 8 100 m³/min,小煤窑漏风量为 1 800 m³/min,主要通风机工作压力为 1 850 Pa,采煤工作面采用 U 型通风方式。但是,对于极近距离煤层开采,由于上部煤层已采出特别是通风系统遭小煤窑破坏后,若矿井主要通风机为抽出式通风时,采煤工作面两平巷全部成为回风平巷,风流来自小煤窑乏风;若矿井主要通风机为压入式通风时,采煤工作面两平巷全部成为进风平巷,风流经过采空区贯通巷流向小煤窑。无论采取哪种通风方式,工作面中部均存在微风或无风区,无法形成稳定可靠的通风系统,且采煤工作面的风流都经过采空区,其本质是利用采空区通风,这在煤矿安全生产过程中是绝对禁止的。因而,探索研究一种适合于极近距离煤层采煤工作面安全有效的通风方法,是极近距离煤层工作面顺利回采的首要任务之一。

6.5.1.1　局部通风机泄压通风应用原理

当矿井采用正压通风时,矿井内风流压力高于地面大气压力,同时因矿井通风线路长、通风阻力大,而小煤窑规模小、通风线路短、通风阻力小,矿井的风流经采空区由小煤窑贯通路线漏入小煤窑排出地面。同样,采煤工作面两平巷风流压力高于小煤窑风流压力,成为进风平巷,工作面中部存在一段长度不等的微风或无风区。工作面回风平巷的风流是从盘区专用回风巷流入的。因此,要想形成正常有效的通风系统,就必须降低工作面回风平巷的压力,这就是采煤工作面回风平巷安装局部通风机进行泄压的原理。同时,为了有效降低工作面及其回风平巷的风流压力,减少采空区漏风,在工作面进风平巷再增设两道调节风门,这样保证了工作面的风流按正常方向流动,消除了工作面中部的微风或无风区,且减少了向采空区漏风。这种通风方法即为采煤工作面局部通风机泄压通风法。

6.5.1.2　极近距离煤层采煤工作面局部通风机泄压通风系统布置方式

图 6-7 为王村煤矿极近距离煤层采煤工作面局部通风机泄压通风系统图,

在工作面回风平巷绕道内砌筑泄压墙一座,设泄压局部通风机三台(一台或两台运转,一台备用),在工作面进风平巷刮板输送机上砌筑调节风门两道(或在带式运输机上砌筑调节风门),其通风系统为:新鲜风(盘曲进风巷、胶带巷)→工作面进风平巷→工作面→工作面回风平巷(乏风)→泄压局部通风机→盘区专用回风巷→矿井总回风。

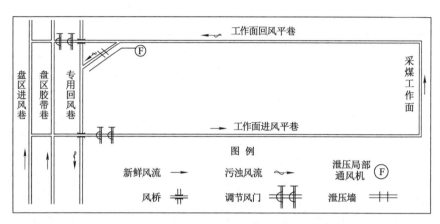

图 6-7　王村煤矿极近距离煤层采煤工作面局部通风机泄压通风系统图

6.5.1.3　相应配套措施

为了使局部通风机泄压通风系统发挥最大效能,还应采取其他相应配套措施:

(1) 泄压局部通风机采取双回路供电,且"三专一闭锁",泄压局部通风机应有一台以上备用,以保证局部通风机连续运转。

(2) 泄压局部通风机安装开停传感器,以监视局部通风机的运转情况。

(3) 为防止矿井主要通风机停转时局部通风机抽出有害气体,要安装主要通风机压力消失时局部通风机能立即停转的保护装置。

(4) 工作面要维护好四大系统,即泄压通风系统、供电系统、监测系统、通信系统,并编制完善的预防系统故障的安全技术措施。

(5) 设置泄压局部通风机风量平衡(与工作面进风平巷风量)自动控制装置。

(6) 封堵泄压墙周围煤壁裂隙,预防泄压墙处煤壁自燃。

(7) 在工作面进风平巷调节风门前后因风速大、煤尘飞扬,应安装水幕降尘装置。

(8) 工作面要配备专职瓦斯检查工。

6.5.2 工作面汽雾阻化防火方案及措施

6.5.2.1 实施防火工作的必要性

四台煤矿 $11^\#$ 煤层 404 盘区上部为 $10^\#$ 煤层采空区,该盘区为高瓦斯盘区,煤层具有自然发火倾向,发火期间为 $6\sim12$ 个月。当 $11^\#$ 煤层工作面采到 $10^\#$ 煤层采空区下后,顶板较为破碎,影响工作面推进速度,为采空区遗煤自燃提供了时间条件。为防止采空区遗煤自燃必须对该面实施行之有效的防火工作,以保障生产工作的安全顺利进行。

6.5.2.2 防火方案

根据对工作面漏风地点及可能发生自燃地点的分析,采取汽雾阻化防火是最经济可行的办法。

(1) 阻化剂对煤的阻化原理

煤的自燃机理是有自燃倾向性的煤炭与空气接触后,吸附氧而形成稳定的氧化物或含氧的游离基、羟基(OH)、羧基(COOH)等,且煤的氧化速度增加,不稳定的氧化物分解成水(H_2O)、二氧化碳(CO_2)和一氧化碳(CO)。氧化产生的热量使煤层温度继续升高,甚至出现煤的干馏,生成芳香族的碳氢化合物(C_mH_n)、氢气(H_2)及一氧化碳(CO)等可燃物,最后进入燃烧阶段会出现一般的着火现象:明火、烟雾、CO、CO_2 以及各种可燃气体。

阻化剂防止煤炭自燃,主要有三个方面的作用。一是负催化作用。煤经阻化处理后,阻化剂能吸附在煤的表面上,形成一层能抑制氧与煤接触的保护膜,阻止了煤与氧结构上的链羧基反应,使煤与氧的合力降低。二是隔绝作用。氯化物的溶液能进入煤体的裂隙当中,并覆盖在煤的外部表面,使煤的外部表面封闭,隔绝空气。三是吸水降温作用。氯化物是一种吸水能力很强的物质,它能吸收很多水分并覆盖在煤的表面,使煤体温度降低,延长煤的发火期。

在氯化物药剂中,氯化镁来源广泛,是一种无毒、无害的吸水类阻化剂,水解时呈中性,对设备腐蚀性小,因此选择氯化镁作为阻化剂较为经济合理。

采取汽雾阻化防火方案。在应用汽雾阻化防火技术时,在漏风通道入口设置雾化器,将阻化剂变为阻化汽雾,阻化汽雾以漏风为载体,向采空区飘移,附着在漏风风流经过的煤体表面,从而起到阻化防火的作用。这一技术的关键是科学地利用采空区漏风,一般来说,漏风所到之处都是容易自燃的地方。

(2) 汽雾阻化防火系统装备

系统包括雾化泵站、管路系统及雾化部分。雾化泵站设有雾化泵、过滤器、储液箱、电器开关等。系统管路由高压管、高压球阀及接头组成。雾化部分由雾化器组成。

6.5.2.3 汽雾阻化防火工艺

(1) 设立雾化点

工作面共设 2 个雾化点,即在工作面两端头设 2 处。

(2) 阻化剂浓度及喷雾量

选择 $MgCl_2$ 溶液为阻化剂,浓度为 15%。

11# 煤层 8423 工作面喷雾量计算:

工作面计划每天喷 1 个班,每班喷 2 h,每个喷嘴流量为 0.5 m^3/h,共两个喷嘴,则喷量 Q_p 为:

$$Q_p = 0.5 \times 4 \times 2 \times 2 = 8(m^3/d)$$

(3) 雾化防火系统的安装和调试

储液箱及喷雾泵设在工作面巷口,喷雾泵出口接一趟 2″ 钢管到工作面端头,通过异径直通接长度为 15 m、直径为 16 mm 的高压胶管与雾化器相连接,在 2″ 钢管头尾两端分别安设阀门。

当汽雾阻化防火系统安装完毕后应进行调试,在开泵调试前,打开所有管路阀门,调试前不应安雾化器,待启动喷雾泵后,调节系统压力为 6～10 MPa。

6.5.3 防灭火管理措施

四台煤矿 404 盘区 11# 煤层工作面采用 U 型通风方式,垮落法管理顶板。由于 10#、11# 煤层为极近距离煤层,10#、11# 煤层采空区连通。11# 煤层回采过程中的防灭火措施如下:

(1) 定期测风,除保证工作面正常风量外,定期测两平巷间的漏风量,根据风量判断 10# 煤层内是否可能出现火区。

(2) 在采至 10# 煤层采空区下部时,每天由救护队员在回风口及回风隅角取样分析是否有 CO 气体,并检查其温度变化情况。

(3) 定期在 10# 煤层采空区密闭进行取样分析及温度检测,根据化验结果进行分析,若出现 CO 气体或温度增加,应及时查明原因并采取相应的措施。若因两平巷漏风在 10# 煤层采空区出现火区,需从地面灌浆。

(4) 若火区出现在 11# 煤层采空区内,必须对采空区进行灌浆处理。11# 煤层工作面回采至 10# 煤层采空区下部时,在回采过程中必须设置雾化阻化系统。

(5) 在回采过程中,若回风隅角或回风风流中的 CO 浓度超过 0.002 4% 时,工作面必须断电撤人,查明火区并及时采取措施进行处理。

(6) 工作面配风量绝对不能超过 1 300 m^3/min,以降低进、回风巷间的压差。若 11# 煤层工作面采空区或 10# 煤层工作面采空区出现火区,经采取措施后仍不能灭火时,封闭工作面。工作面封闭后按火区管理,只有经检查没有 CO 后方可启封。

（7）加强机电检查，严防开关着火，超长供电，电缆短路，开关掉闸等。杜绝失爆、明火操作，对防火密闭喷浆，防止漏风。

（8）加快 11# 煤层邻近工作面采空区的封闭速度，加强外因火灾管理的力度，队组对巷道杂物、易燃物及时清理干净。

6.5.4　工作面瓦斯积聚防治措施

四台煤矿 404 盘区 10#、11# 煤层均为高瓦斯煤层。初期工作面配风量为 1 000 m³/min，但在采至 10# 煤层采空区下部时，11# 煤层本层瓦斯涌出，再加上 10# 煤层采空区内积存的瓦斯随采后冒顶而涌出，工作面瓦斯涌出量将增加至 4.8 m³/min，配风量将达 1 200 m³/min。故此，应加强回风隅角瓦斯管理，管理措施如下：

（1）严格按计划配风，使工作面有足够的新鲜风流。

（2）在生产过程中严禁同时打开两道风门作业，同时，通风区必须为风门上拉簧、闭锁及开关传感器。

（3）回采过程中回风隅角必须在尾部打风幛，以增加落山角风量。在生产过程中，每一次机组割煤及移架后必须维护好风帘。

（4）若回风隅角处切顶线至最后一架后柱处的瓦斯浓度超过 1.5%，溜尾电机上部，工作面最后一架前柱处瓦斯浓度达 1% 以上时，工作面必须停产，切断工作面电源，撤出人员采取措施进行处理。

（5）在工作面尾部打风幛后且风量达 1 300 m³/min，回风隅角瓦斯浓度仍在 1% 以上时，必须使用抽排风机处理回风隅角瓦斯。

（6）加强回风隅角处的标准化管理工作，将该处的浮煤及时清理走，另外必须保持尾架至煤帮通风畅通，禁止调头不拉尾。

（7）工作面必须设置瓦斯电闭锁装置。

6.6　本章小结

极近距离下部煤层顶板受上部煤层采动损伤影响，顶板较为破碎，易漏、冒顶，漏风严重，极易形成火灾等安全隐患。结合大同矿区实际，采用现场实践的方法确定了巷道顶板加固及漏顶充填技术、回采巷道的断面形状与合理支护参数、工作面初末采空间控制及工艺、工作面端头和超前支护方式及参数，以及工作面局部通风机泄压通风系统、汽雾阻化防火等下部煤层开采的安全保障体系；形成了一套较为完善的极近距离下部煤层开采辅助技术，为实现极近距离下部煤层安全回采提供了可靠的技术保障。

第7章 结　　论

本书作为极近距离煤层开采研究工作的初始阶段,针对极近距离煤层开采主要存在的实际问题,以大同矿区侏罗纪下组煤层群赋存和开采条件为主要研究对象,运用理论分析、数值模拟和现场试验等方法,对极近距离煤层的定义和顶板分类、下部煤层开采矿压显现规律、工作面顶板控制、合理巷道位置及下部煤层开采辅助技术等方面做了探索性研究,取得了一定的研究成果。主要工作和研究结论总结如下。

(1) 给出了极近距离煤层的定义。

定性定义:将煤层层间距很小,开采时相互间具有显著影响的煤层划分为极近距离煤层。

定量定义:以上部煤层开采时对底板岩层的损伤深度 h_a 作为划分极近距离煤层的依据,定义当煤层层间距(煤层间岩层厚度)h_j 满足 $h_j \leqslant h_a$ 时,该煤层为极近距离煤层。

(2) 根据极近距离煤层定义,确定极近距离煤层层间距的判据。

① 运用弹塑性理论确定极近距离煤层层间距:

$$h_j \leqslant \frac{1.57\gamma^2 H^2 L}{4\beta^2 R_c^2}$$

② 运用滑移线场理论确定极近距离煤层层间距:

$$h_j \leqslant \frac{M\cos\varphi_f \ln\dfrac{k\gamma H + C\cot\varphi}{\xi(p_i + C\cot\varphi)} \mathrm{e}^{\left(\frac{\varphi_f}{2}+\frac{\pi}{4}\right)\tan\varphi_f}}{4\xi f \cos\left(\dfrac{\pi}{4}+\dfrac{\varphi_f}{2}\right)}$$

根据极近距离煤层定义和判据,以大同矿区为例,确定了大同"两硬"条件下极近距离煤层的间距为 $h_j \leqslant 6$ m。即大同矿区"两硬"条件下煤层间距为 6 m 以下的煤层为极近距离煤层。

(3) 确定了以屈服比作为极近距离煤层顶板分类主要指标,对极近距离煤层顶板进行了分类。

屈服比 ψ 为上部煤层开采引起的底板岩层损伤深度与上、下煤层间岩层厚度之比,即 $\psi = \dfrac{h_\sigma}{h_j}$。

根据屈服比 ψ 以及煤层间岩层厚度,把极近距离煤层顶板划分为夹石假顶、碎裂顶板、块裂顶板 3 类。

(4) 通过现场实测和数值模拟分析的方法,揭示了极近距离下部煤层开采时工作面矿压显现的基本特征和规律:

① 极近距离下部煤层开采时,由于工作面顶板受上部煤层采动损伤的影响,裂隙发育,整体性差,易出现机道漏顶事故,不易管理。支架顶梁承受的裂隙直接顶以块体结构承受着上部载荷,掩护梁承受直接顶已垮落矸石以散体介质传递的载荷。

② 工作面支架工作阻力在整个开采过程中相对较小,增阻值变化不大,无明显周期来压现象。

③ 同单一煤层开采相比,下部煤层开采时工作面超前支承压力的影响程度和影响范围明显减弱。超前支承压力减小 22.2%～38.3%,影响范围减小 60.4%～85.0%。

④ 极近距离下部煤层开采工作面超前支承压力的影响范围、影响程度及其峰值位置随层间距增大而增大。

(5) 根据极近距离下部煤层开采时顶板的结构特点,构建了极近距离下部煤层开采时顶板结构为"块体-散体"结构模型,为极近距离下部煤层开采提供了理论依据。

(6) 根据顶板结构模型,运用块体理论分析了不同类型的块体可能产生破断失稳的形式,确定了不同块体结构失稳判据。

① 对于顶板平行块体(C 块体)。

当 $\alpha \leqslant \varphi_l$ 时,块体将不会滑动而处于稳定状态;当 $\alpha > \varphi_l$ 时,块体才会出现滑动的可能。则顶板六面体块体在 $\alpha > \varphi_l$ 条件下的失稳判据为:

$$q_y I \sin\alpha + \gamma H' I \sin^2\alpha - 2q_x H' \frac{\cos\varphi_l \sin^2\alpha}{\sin(\alpha - \varphi_l)\sin(\alpha + \varphi_l)} > 0$$

② 对于顶板楔形块体(C 块体)。

当 $\alpha \leqslant 90° - \varphi_l$ 时,不管块体处于什么样的应力状态,块体都将不能保持稳定。楔形块体在 $\alpha > 90° - \varphi_l$ 条件下的失稳判据为:

$$\gamma \frac{I^2}{4\sin^2\alpha} + \frac{1}{\tan(\alpha + \varphi_l)\cos\alpha} I q_x > 0$$

③ 对于 A、B 块体。

A、B 块体破断方式为拉伸破坏破断,破断时所需的载荷集度 q_y 为:

$$q_y = \begin{cases} \dfrac{\sigma_t H^2}{x^2}, & x \leqslant L/2 \\[4mm] \dfrac{\sigma_t H^2 \left(2a\cos\dfrac{\theta}{2} - x\right)}{x^3 - 2\left(x - a\cos\dfrac{\theta}{2}\right)^3}, & x > L/2 \end{cases}$$

（7）从结构失稳的角度出发，分析下部煤层开采顶板结构失稳过程为：C 块体失稳，可能导致 B 块体破断，进一步导致 A 块体断裂，进而引起连锁反应造成顶板垮落，揭示了极近距离下部煤层开采顶板垮落的动态过程。

（8）采场支架支护的直接对象是受上部煤层采动损伤影响的裂隙块体岩层及上部煤层开采后垮落的松散矸石。支架主要受两个方面力的作用：其一顶梁受块体作用的载荷；其二掩护梁受松散介质作用的载荷。此时的支架-围岩相互作用状态属于给定载荷的状态。研究获得的极近距离下部煤层工作面支架载荷的计算方法为：

① 块体达到平衡时支架顶梁需要施加的力 p_d 为：

（a）顶板六面体块体条件下：

$$p_d = \left[q_y I \sin\alpha + \gamma H' I \sin^2\alpha - 2q_x H' \frac{\cos\varphi_l \sin^2\alpha}{\sin(\alpha - \varphi_l)\sin(\alpha + \varphi_l)} \right] S L_d$$

（b）顶板楔形块体条件下：

$\alpha \leqslant 90° - \varphi_l$ 时，$p_d = \left[\gamma H + \dfrac{L_c \gamma}{2f} \right] L_d S$

$\alpha > 90° - \varphi_l$ 时，$p_d = \left[\gamma \dfrac{I^2}{4\sin 2\alpha} + \dfrac{1}{\tan(\alpha + \varphi_l)\cos\alpha} I q_x \right] S L_d$

（c）当顶板为碎裂顶板时，p_d 可简化为：

$$p_d = \frac{L_c \gamma}{2f} S L_d$$

② 利用散体介质力学导出支架掩护梁受力公式。

（a）支架掩护梁受到合力 p_y 为：

$$p_y = L_s S \frac{L_c}{2f} \gamma \tan^2\left(\frac{\pi}{4} - \frac{\varphi}{2}\right) e^{2\alpha' \tan\varphi}$$

（b）掩护梁水平推力 p_{yh} 为：

$$p_{yh} = L_s S \frac{L_c}{2f} \gamma \tan^2\left(\frac{\pi}{4} - \frac{\varphi}{2}\right) e^{2\alpha' \tan\varphi} \cos\alpha'$$

（c）掩护梁垂直压力 p_{yv} 为：

$$p_{yv} = L_s S \frac{L_c}{2f} \gamma \tan^2\left(\frac{\pi}{4} - \frac{\varphi}{2}\right) e^{2\alpha' \tan\varphi} \sin\alpha'$$

（9）通过煤柱稳定性理论分析，确定了上部煤层开采塑性煤柱和稳定煤柱的合理宽度，为进一步分析煤柱载荷在底板煤（岩）体中的传递规律提供了理论基础。

① 两层极近距离煤层上部煤层稳定煤柱的最小宽度为：

$$B = \frac{M}{\xi f} \ln \frac{K\gamma H + C\cot\varphi}{\xi(p_i + C\cot\varphi)} + (1 \sim 2)M$$

② 存在上、中、下三个层位的极近距离煤层群上部煤层稳定煤柱的最小宽度为：

$$B' = \frac{M_u + h_r + M_m}{\xi f} \ln \frac{K\gamma H + C\cot\varphi}{\xi(p_i + C\cot\varphi)} + (1 \sim 2)(M_u + h_r + M_m)$$

（10）运用理论分析和数值模拟方法分析了煤柱载荷作用下底板岩层应力分布规律，为极近距离下部煤层开采巷道合理位置的确定提供了科学依据。

① 对于塑性煤柱，煤柱的稳定性大大降低，煤柱的承载能力将会发生改变，相应向底板煤（岩）体传递应力的集中程度明显降低。

② 对于稳定煤柱，在煤柱载荷作用下，底板的应力分布具有明显的非均匀分布特征，对于同一水平截面上的底板而言，离煤柱边缘越近则应力不均衡程度越大，离煤柱边缘越远则应力分布状态越趋于缓和、均匀，即应力不均衡程度变小。应力不均衡程度采用应力改变率 K 来衡量 $\left(K = \left|\frac{\mathrm{d}\sigma(x)}{\mathrm{d}x}\right|\right)$。$K$ 较小时，则说明该处应力状态不均衡程度较小。

（11）构建了非对称荷载作用下巷道支架顶梁受力分析模型。通过对非均匀应力状态件下巷道支护体受力分析，揭示了在非均匀荷载作用下，巷道支护体结构更易出现局部过载，产生局部破坏，最终可能导致支护体结构失稳的原因。提出了在确定稳定煤柱载荷作用下极近距离下部煤层巷道合理位置时，不但要考虑将巷道尽可能布置在采空区下方的应力降低区内，还应考虑煤柱底板应力场的不均衡程度对支护结构的影响。其合理位置为 $S_x = \max\{S_{kx}, S_{xx}\}$，并在工程实践中得以验证，确定该方法可行。

（12）通过理论分析和数值模拟，确定了极近距离下部煤层回采巷道合理布置形式：

① 两层极近距离下部煤层巷道布置形式。

a. 当煤柱宽度 $L \leqslant 2x_0$ 时，可采用外错式、内错式和重叠式布置形式；

b. 当上部煤柱宽度在 $2x_0 \leqslant L \leqslant B$ 范围内时，可采用内错式或重叠式布置形式；

c. 当上部煤层的煤柱宽度 $L > B$ 时，宜采用内错式布置形式，内错距离由式（5-31）确定。

② 对于存在上、中、下三个层位的极近距离煤层群下部煤层巷道布置形式。

a. 当上部煤层煤柱宽度 $L \leqslant 2x'_0$ 时，可采用外错式、内错式和重叠式布置形式；

b. 当上部煤层煤柱宽度在 $2x'_0 \leqslant L \leqslant B'$ 范围内时，可采用内错式或重叠式布置形式；

c. 当上部煤层煤柱宽度为 $L \geqslant B'$ 时，宜采用内错式布置形式。

（13）采用现场实践的方法确定了巷道顶板加固及漏顶充填技术、回采巷道的断面形状与合理支护参数、工作面初末采空间控制及工艺、工作面端头和超前支护方式及参数、工作面局部通风机泄压通风系统、汽雾阻化防火等下部煤层开采的安全保障体系；形成了一套较为完善的极近距离下部煤层开采辅助技术，为实现极近距离下部煤层安全回采提供了可靠的技术保障。

参 考 文 献

[1] 陈浮,于昊辰,卞正富,等.碳中和愿景下煤炭行业发展的危机与应对[J].煤炭学报,2021,46(6):1808-1820.

[2] 王双明.对我国煤炭主体能源地位与绿色开采的思考[J].中国煤炭,2020,46(2):11-16.

[3] 康红普,徐刚,王彪谋,等.我国煤炭开采与岩层控制技术发展 40a 及展望[J].采矿与岩层控制工程学报,2019,1(2):7-39.

[4] 冯国瑞,杨创前,张玉江,等.刀柱残采区上行长壁开采支承压力时空演化规律研究[J].采矿与安全工程学报,2019,36(5):857-866.

[5] 王潇.浅议我国煤炭进出口现状和发展趋势[J].科技视界,2018(30):205-206.

[6] KRIPAKOV N P,BECKETT L A,DONATO D A. Loading on underground mining structures influenced by multiple seam interaction[C]//International Symposium on Application of Rock Characterization in Mine Design.[S. l.]:Soc of Mining Engineers of AIME,1986.

[7] 朱银昌,陈庆禄,张铁岗.难采复杂煤层的开采[M].北京:世界图书出版公司北京公司,1998.

[8] 葛尔巴切夫 Т Ф,札柏尔金斯基 А П.库兹巴斯煤层群上行顺序开采法[M].马鸿仁,李诞生,译.北京:煤炭工业出版社,1958.

[9] WANG H,QIN Y,WANG H B,et al. Process of overburden failure in steeply inclined multi-seam mining:insights from physical modelling[J]. Royal society open science,2021,8(5):210275.

[10] 汪理全,李中颃.煤层(群)上行开采技术[M].北京:煤炭工业出版社,1995.

[11] 张百胜,杨劲松,廉建军.东山煤矿 12 号煤层上行开采实践[J].中国煤炭,2007,33(2):38-40.

[12] 崔峰,贾冲,来兴平,等.近距离强冲击倾向性煤层上行开采覆岩结构演化特征及其稳定性研究[J].岩石力学与工程学报,2020,39(3):507-521.

[13] 张宏伟,韩军,海立鑫,等. 近距煤层群上行开采技术研究[J]. 采矿与安全工程学报,2013,30(1):63-67.

[14] 孙闯,闫少宏,徐乃忠,等. 大采高综采采空区条件下上行开采关键问题研究[J]. 采矿与安全工程学报,2021,38(3):449-457.

[15] 陈炎光,陆士良. 中国煤矿巷道围岩控制[M]. 徐州:中国矿业大学出版社,1994.

[16] 任仲久. 近距离煤层下行开采下煤层回采巷道布置[J]. 煤矿安全,2018,49(3):136-139.

[17] 徐青云,谭云,黄庆国. 近距离煤层群下行开采底板应力分布规律研究[J]. 煤炭工程,2019,51(8):89-92.

[18] 郝登云,吴拥政,陈海俊,等. 采空区下近距离特厚煤层回采巷道失稳机理及其控制[J]. 煤炭学报,2019,44(9):2682-2690.

[19] 张念超. 多煤层煤柱底板应力分布规律及其应用[D]. 徐州:中国矿业大学,2016.

[20] 焦建康,鞠文君,冯友良. 基于响应面法的煤柱下巷道稳定性多因素分析[J]. 采矿与安全工程学报,2017,34(5):933-939.

[21] 李国栋,刘洪林,王宏志. 极近距离下位煤层回采巷道合理布置及围岩控制技术研究[J]. 煤炭工程,2021,53(7):42-47.

[22] 张百胜. 极近距离煤层开采围岩控制理论及技术研究[D]. 太原:太原理工大学,2008.

[23] 张百胜,杨双锁,康立勋,等. 极近距离煤层回采巷道合理位置确定方法探讨[J]. 岩石力学与工程学报,2008,27(1):97-101.

[24] 陈炎光,钱鸣高. 中国煤矿采场围岩控制[M]. 徐州:中国矿业大学出版社,1994.

[25] 钱鸣高,许家林,王家臣. 矿山压力与岩层控制[M]. 3版. 徐州:中国矿业大学出版社,2021.

[26] 李志华,杨科,华心祝,等. 采场覆岩"宏观-大-小"结构及其失稳致灾机理[J]. 煤炭学报,2020,45(增刊2):541-550.

[27] 于斌,杨敬轩,刘长友,等. 大空间采场覆岩结构特征及其矿压作用机理[J]. 煤炭学报,2019,44(11):3295-3307.

[28] COOKE N J,ROWE L J,BENNETT W,et al. Remotely piloted aircraft systems:a human systems integration perspective[M].[S.l.]:John Wiley & Sons Ltd,,2016.

[29] SUN Y J,ZUO J P,KARAKUS M,et al. A novel method for predicting

movement and damage of overburden caused by shallow coal mining[J].
Rock mechanics and rock engineering,2020,53(4):1545-1563.

[30] KRATZSCH H. Mining subsidence engineering[M]. Berlin,Heidelberg:
Springer Berlin Heidelberg,1983.

[31] CHIEN MING-GAO. A study of the behaviour of overlying strata in
longwall mining and its application to strata control[J]. Developments in
geotechnical engineering,1981,32:13-17.

[32] 钱鸣高.采场上覆岩层岩体结构模型及其应用[J].中国矿业学院学报,
1982(2):6-16.

[33] 钱鸣高,缪协兴,何富连.采场"砌体梁"结构的关键块分析[J].煤炭学报,
1994,19(6):557-563.

[34] 宋振骐.采场上覆岩层运动的基本规律[J].山东矿业学院学报,1979(1):
64-77.

[35] 宋振骐.实用矿山压力控制[M].徐州:中国矿业大学出版社,1988.

[36] 贾喜荣,翟英达.采场薄板矿压理论与实践综述[J].矿山压力与顶板管理,
1999(增刊1):22-25,238.

[37] 贾喜荣.岩层控制[M].徐州:中国矿业大学出版社,2011.

[38] 朱德仁.长壁工作面老顶的破断规律及其应用[D].徐州:中国矿业大
学,1987.

[39] QIAN MINGGAO,HE FULIAN. Behavior of the main roof in longwall
mining,weighting span,fracture and disturbance[J]. Journal of Mine,
Metals and Fuels,l989,37(6/7):240-246.

[40] 姜福兴.薄板力学解在坚硬顶板采场的适用范围[J].西安矿业学院学报,
1991,11(2):12-19,28.

[41] 钱鸣高,张顶立,黎良杰,等.砌体梁的"S－R"稳定及其应用[J].矿山压力
与顶板管理,1994(3):6-11.

[42] 钱鸣高,何富连,王作棠,等.再论采场矿山压力理论[J].中国矿业大学学
报,1994,23(3):1-9.

[43] 缪协兴,钱鸣高.采矿工程中存在的力学难题[J].力学与实践,1995,(5):
70-71.

[44] 钱鸣高,缪协兴.采场上覆岩层结构的形态与受力分析[J].岩石力学与工
程学报,1995,14(2):97-106.

[45] 缪协兴.采场老顶初次来压时的稳定性分析[J].中国矿业大学学报,1989,
18(3):88-92.

[46] 侯忠杰. 老顶断裂岩块回转端角接触面尺寸[J]. 矿山压力与顶板管理,1999,16(增刊 1):29-31.

[47] 侯忠杰,谢胜华. 采场老顶断裂岩块失稳类型判断曲线讨论[J]. 矿山压力与顶板管理,2002,19(2):1-3.

[48] 黄庆享,钱鸣高,石平五. 浅埋煤层采场老顶周期来压的结构分析[J]. 煤炭学报,1999,24(6):581-585.

[49] 黄庆享. 浅埋煤层长壁开采顶板控制研究[D]:徐州,中国矿业大学,1998.

[50] 黄庆享,石平五,钱鸣高. 老顶岩块端角摩擦系数和挤压系数实验研究[J]. 岩土力学,2000,21(1):60-63.

[51] 钟新谷. 长壁工作面顶板变形失稳的突变模式[J]. 湘潭矿业学院学报,1994(2):1-6.

[52] 钟新谷. 采场坚硬顶板的弹性稳定性分析[J]. 煤,1996,5(4):15-17.

[53] 钟新谷. 顶板岩梁结构的稳定性与支护系统刚度[J]. 煤炭学报,1995,20(6):601-606.

[54] 闫少宏,贾光胜,刘贤龙. 放顶煤开采上覆岩层结构向高位转移机理分析[J]. 矿山压力与顶板管理,1996(3):3-5.

[55] 姜福兴. 岩层质量指数及其应用[J]. 岩石力学与工程学报,1994,13(3):270-278.

[56] 钱鸣高,缪协兴,许家林. 岩层控制中的关键层理论研究[J]. 煤炭学报,1996,21(3):225-230.

[57] 钱鸣高,缪协兴. 采场矿山压力理论研究的新进展[J]. 矿山压力与顶板管理,1996(2):17-20.

[58] QIAN M G,HE F L,MIU X X. The system of strata control around longwall face in China[C]//1996 International Symposium on Mining Science and Technology. Xuzhou,1996.

[59] 钱鸣高,何富连,缪协兴. 采场围岩控制的回顾与发展[J]. 煤炭科学技术,1996,24(1):1-3.

[60] 许家林. 岩层移动与控制的关键层理论及其应用[D]. 徐州:中国矿业大学,1999.

[61] 茅献彪,缪协兴,钱鸣高. 采动覆岩中关键层的破断规律研究[J]. 中国矿业大学学报,1998,27(1):39-42.

[62] 钱鸣高,茅献彪,缪协兴. 采场覆岩中关键层上载荷的变化规律[J]. 煤炭学报,1998,23(2):135-139.

[63] 许家林,钱鸣高. 覆岩关键层位置的判别方法[J]. 中国矿业大学学报,2000,

29(5):463-467.

[64] 许家林,钱鸣高.覆岩采动裂隙分布特征的研究[J].矿山压力与顶板管理,
1997(3):210-212.

[65] 钱鸣高,许家林.覆岩采动裂隙分布的"O"形圈特征研究[J].煤炭学报,
1998,23(5):466-469.

[66] 许家林,钱鸣高,高红新.采动裂隙实验结果的量化方法[J].辽宁工程技术
大学学报(自然科学版),1998,17(6):586-589.

[67] 许家林,孟广石.应用上覆岩层采动裂隙"O"形圈特征抽放采空区瓦斯[J].
煤矿安全,1995,26(7):2-4.

[68] 许家林,钱鸣高.覆岩注浆减沉钻孔布置的试验研究[J].中国矿业大学学
报,1998,27(3):276-279.

[69] 许家林,钱鸣高.关键层运动对覆岩及地表移动影响的研究[J].煤炭学报,
2000,25(2):122-126.

[70] 黎良杰.采场底板突水机理的研究[D].徐州:中国矿业大学,1995.

[71] 钱鸣高,缪协兴,许家林,等.岩层控制的关键层理论[M].徐州:中国矿业
大学出版社,2000.

[72] 姜福兴.微震监测技术在矿井岩层破裂监测中的应用[J].岩土工程学报,
2002,24(2):147-149.

[73] 姜福兴,XUN Luo,杨淑华.采场覆岩空间破裂与采动应力场的微震探测
研究[J].岩土工程学报,2003,25(1):23-25.

[74] 姜海军,曹胜根,张云,等.浅埋煤层关键层初次破断特征及垮落机理研究
[J].采矿与安全工程学报,2016,33(5):860-866.

[75] 汪北方,梁冰,孙可明,等.典型浅埋煤层长壁开采覆岩采动响应与控制研
究[J].岩土力学,2017,38(9):2693-2700.

[76] 姚琦,冯涛,廖泽,等.急倾斜走向分段充填顶板初次断裂应力分布规律
[J].采矿与安全工程学报,2017,34(6):1148-1155.

[77] 黄庆享,黄克军,赵萌烨.浅埋煤层群大采高采场初次来压顶板结构及支架
载荷研究[J].采矿与安全工程学报,2018,35(5):940-944.

[78] 张基伟.王家山矿急倾斜煤层长壁开采覆岩破断机制及强矿压控制方法
[J].岩石力学与工程学报,2018,37(7):1776.

[79] 左建平,孙运江,文金浩,等.岩层移动理论与力学模型及其展望[J].煤炭
科学技术,2018,46(1):1-11.

[80] SUN Y J,ZUO J P,KARAKUS M,et al. Investigation of movement and
damage of integral overburden during shallow coal seam mining[J].

International journal of rock mechanics and mining sciences,2019,117:63-75.

[81] 尹希文.浅埋超大采高工作面覆岩"切落体"结构模型及应用[J].煤炭学报,2019,44(7):1961-1970.

[82] 宁静,徐刚,张春会,等.综放工作面多区支撑顶板的力学模型及破断特征[J].煤炭学报,2020,45(10):3418-3426.

[83] 娄金福.采场覆岩破断与应力演化的梁拱二元结构及岩层特性影响机制[J].采矿与安全工程学报,2021,38(4):678-686.

[84] 黄庆享,李康华,曹健.浅埋近距离采空区下工作面矿压特征与顶板结构分析[J].陕西煤炭,2021,40(1):12-17.

[85] 张通,赵毅鑫,朱广沛,等.神东浅埋工作面矿压显现规律的多因素耦合分析[J].煤炭学报,2016,41(增刊2):287-296.

[86] 欧阳振华,孔令海,齐庆新,等.自震式微震监测技术及其在浅埋煤层动载矿压预测中的应用[J].煤炭学报,2018,43(增刊1):44-51.

[87] 霍丙杰,荆雪冬,于斌,等.坚硬顶板厚煤层采场来压强度分级预测方法研究[J].岩石力学与工程学报,2019,38(9):1828-1835.

[88] 赵毅鑫,杨志良,马斌杰,等.基于深度学习的大采高工作面矿压预测分析及模型泛化[J].煤炭学报,2020,45(1):54-65.

[89] 柴敬,王润沛,杜文刚,等.基于XGBoost的光纤监测矿压时序预测研究[J].采矿与岩层控制工程学报,2020,2(4):64-71.

[90] 李泽萌.基于LSTM的采煤工作面矿压预测方法研究[D].西安:西安科技大学,2020.

[91] 张健元,李玉山.国外矿山防治水技术的发展和实践[M].鞍山:冶金工业部鞍山黑色冶金矿山设计研究院,1983.

[92] 鲍莱茨基M,胡戴克.矿山岩体力学[M].于振海,刘天泉,译.北京:煤炭工业出版社,1985.

[93] 多尔恰尼诺夫ИА,等.构造应力与井巷工程稳定性[M].赵惇义,译.北京:煤炭工业出版社,1984.

[94] 布雷迪BHG,布朗ET.地下采矿岩石力学[M].冯树仁,等译.北京:煤炭工业出版社,1990.

[95] 煤炭科学研究院北京开采研究所.煤矿地表移动与覆岩破坏规律及其应用[M].北京:煤炭工业出版社,1981.

[96] 张金才,张玉卓,刘天泉.岩体渗流与煤层底板突水[M].北京:地质出版社,1997.

[97] 张金才,刘天泉.论煤层底板采动裂隙带的深度及分布特征[J].煤炭学报,1990,15(2):46-55.

[98] 高延法,李白英.受奥灰承压水威胁煤层采场底板变形破坏规律研究[J].煤炭学报,1992,17(2):32-39.

[99] 李白英.预防矿井底板突水的"下三带"理论及其发展与应用[J].山东矿业学院学报(自然科学版),1999,18(4):11-18.

[100] 施龙青,韩进.底板突水机理及预测预报[M].徐州:中国矿业大学出版社,2004.

[101] 许延春,陈新明,李见波,等.大埋深高水压裂隙岩体巷道底臌突水试验研究[J].煤炭学报,2013,38(增刊1):124-128.

[102] 张玉卓.岩层与地表移动计算原理及程序[M].北京:煤炭工业出版社,1993.

[103] 曹胜根,刘文斌,袁文波,等.房式采煤工作面的底板岩层应力分析[J].湘潭矿业学院学报,1998(3):14-19.

[104] 王作宇.底板零位破坏带最大深度的分析计算[J].煤炭科学技术,1992,20(2):2-6.

[105] 王作宇,刘鸿泉.承压水上采煤[M].北京:煤炭工业出版社,1993.

[106] 张勇,张春雷,赵甫.近距离煤层群开采底板不同分区采动裂隙动态演化规律[J].煤炭学报,2015,40(4):786-792.

[107] 冯梅梅,茅献彪,白海波,等.承压水上开采煤层底板隔水层裂隙演化规律的试验研究[J].岩石力学与工程学报,2009,28(2):336-341.

[108] 段宏飞,姜振泉,朱术云,等.综采薄煤层采动底板变形破坏规律实测分析[J].采矿与安全工程学报,2011,28(3):407-414.

[109] 高召宁,孟祥瑞,郑志伟.采动应力效应下的煤层底板裂隙演化规律研究[J].地下空间与工程学报,2016,12(1):90-95.

[110] 弓培林,胡耀青,赵阳升,等.带压开采底板变形破坏规律的三维相似模拟研究[J].岩石力学与工程学报,2005,24(23):4396-4402.

[111] 国家安全生产监督管理总局,国家煤矿安全监察局.煤矿安全规程(2016)[M].北京:煤炭工业出版社,2016.

[112] 徐永圻.煤矿开采学[M].4版.徐州:中国矿业大学出版社,2015.

[113] 张玉江.下垮落式复合残采区中部整层弃煤开采岩层控制理论基础研究[D].太原:太原理工大学,2017.

[114] 冯国瑞,张玉江,戚庭野,等.中国遗煤开采现状及研究进展[J].煤炭学报,2020,45(1):151-159.

[115] 陆士良,姜耀东,孙永联.巷道与上部煤层间垂距 Z 的选择[J].中国矿业大学学报,1993,22(1):1-7.

[116] 陆士良,孙永联,姜耀东.巷道与上部煤柱边缘间水平距离 X 的选择[J].中国矿业大学学报,1993,22(2):1-7.

[117] 史元伟,郭藩强,康立军,等.矿井多煤层开采围岩应力分析与设计优化[M].北京:煤炭工业出版社,1995.

[118] 郭文兵,刘明举,李化敏,等.多煤层开采采场围岩内部应力光弹力学模拟研究[J].煤炭学报,2001,26(1):8-12.

[119] 任德惠.井工开采矿山压力与控制[M].重庆:重庆大学出版社,1990.

[120] 林衍,谭学术,胡耀华.对缓倾近距煤层群同采合理错距的探讨[J].贵州工学院学报,1994,23(2):33-38.

[121] 颜宪禹.煤层群单层开拓与准备是集中生产的有效途径[J].煤,1999,8(3):12-13.

[122] 颜宪禹,周锡德.煤层群采用单层开采方式的可行性分析[J].矿业安全与环保,1999,26(4):32-33.

[123] 白庆升.复杂结构特厚煤层综放面围岩采动影响机理与控制[D].徐州:中国矿业大学,2015.

[124] 冯宇峰.含夹矸特厚煤层综放开采关键技术研究[D].徐州:中国矿业大学,2014.

[125] 王哲.含夹矸厚煤层综放开采顶煤冒放特征及端面漏冒机理的研究[D].淮南:安徽理工大学,2009.

[126] 张顶立,王悦汉.含夹矸顶煤破碎特点分析[J].中国矿业大学学报,2000,29(2):160-163.

[127] 宋选民,靳钟铭,康天合.放顶煤开采顶煤冒放性影响规律研究[J].山西矿业学院学报,1995(3):264-271.

[128] 夏君."两硬"条件下极近距离煤层开采技术[J].煤矿安全,2012,43(11):71-73.

[129] 蒋升,孔杰,钟宜涛,等.极近距离煤层下分层开采矿压显现规律[J].煤矿安全,2012,43(12):65-68.

[130] 曹东升.云冈矿极近距离煤层采空区下巷道支护技术实践[J].煤炭科学技术,2015,43(增刊1):73-75,79.

[131] 任海峰,李树刚,邱继生,等.极近距离煤层群下行开采下部煤层巷道支护方式研究[J].中国煤炭,2017,43(8):52-55,104.

[132] 张明光.极近距离煤层采空区下巷道支护技术研究[J].山东科技大学学

报(自然科学版),2018,37(4):35-41.

[133] 王大鹏.沙坪煤业 8# 极近距离煤层安全开采技术研究[J].煤炭工程,2018,50(增刊 1):1-4.

[134] 郭萌,弓培林,李鹏.极近距离煤层采空区下巷道补强支护参数研究[J].煤炭工程,2020,52(1):54-58.

[135] 谷攀,李彦斌,韦庆亮,等.极近距离煤层采空区煤柱下回采巷道支护技术[J].中国科技论文,2020,15(3):373-378.

[136] ZHANG B S,KANG L X,ZHAI Y D. Definition of ultra-close multiple-seams and its ground pressure behavior[C]//Proceedings of the 24th International Conference on Ground Control in Mining. Morgantown WV,2005.

[137] ZHAI Y D, ZHANG B S. Engineering classification of ultra-close multiple-seam roofs in Datong mining district of China[C]//Proceedings of the 24th International Conference on Ground Control in Mining. Morgantown WV,2005.

[138] 白希军.大同"两硬"开采条件提高综采效益之途径[C].煤炭生产与安全技术的创新与发展编委会.2003 年煤炭工业总工程师论坛论文集(续篇).徐州:中国矿业大学出版社,2003:1-4.

[139] 靳钟铭,徐林生.煤矿坚硬顶板控制[M].北京:煤炭工业出版社,1994.

[140] 于斌.大同矿区煤层开采[M].北京:科学出版社,2015.

[141] 王金安,谢和平,王广南.建筑物下厚煤层特殊开采的三维数值分析[J].岩石力学与工程学报,1999,18(1):12-16.

[142] 刘锦华吕祖珩.块体理论在工程岩体稳定分析中的应用[M].北京:水利电力出版社,1988.

[143] 陈震.散体极限平衡理论基础[M].北京:水利电力出版社,1987.

[144] 于海勇,阎保金.放顶煤综采工作面支架受力研究[J].岩石力学与工程学报,1994,13(3):261-269.

[145] 吴家龙.弹性力学[M].3 版.北京:高等教育出版社,2016.